普通高等教育 "十四五" 规划教材

WPS Office
高级应用教程

主编　牛莉　刘卫国

中国水利水电出版社
www.waterpub.com.cn
·北京·

内 容 提 要

本书结合全国计算机等级考试二级 WPS Office 高级应用与设计考试要求以及当前高等学校大学计算机基础教学的实际需要而编写，主要内容包括 WPS 文字的基本操作、WPS 文字的表格与图形功能、长文档操作与邮件合并、PDF 文件与云文档、WPS 表格的基本操作、WPS 表格的数据计算、WPS 表格的图表操作、WPS 表格的数据管理、WPS 演示的基本操作、幻灯片外观设计、演示文稿放映设计。本书结合案例分析，突出操作技能与应用能力。

本书可作为高等学校大学计算机基础与办公软件高级应用课程的教材或计算机等级考试的教学用书，也可供社会各类计算机应用人员阅读参考。

本书配有免费电子教案，读者可以从中国水利水电出版社网站（www.waterpub.com.cn）或万水书苑网站（www.wsbookshow.com）免费下载。

图书在版编目（ＣＩＰ）数据

WPS Office高级应用教程 / 牛莉，刘卫国主编. -- 北京 ：中国水利水电出版社，2022.11
普通高等教育"十四五"规划教材
ISBN 978-7-5226-1087-0

Ⅰ．①W… Ⅱ．①牛… ②刘… Ⅲ．①办公自动化－应用软件－高等学校－教材 Ⅳ．①TP317.1

中国版本图书馆CIP数据核字(2022)第215966号

策划编辑：周益丹　　　责任编辑：赵佳琦　　　封面设计：梁燕

书　　名	普通高等教育"十四五"规划教材 WPS Office 高级应用教程 WPS Office GAOJI YINGYONG JIAOCHENG
作　　者	主编 牛莉 刘卫国
出版发行	中国水利水电出版社 （北京市海淀区玉渊潭南路 1 号 D 座　100038） 网址：www.waterpub.com.cn E-mail：mchannel@263.net（答疑） 　　　　sales@mwr.gov.cn 电话：（010）68545888（营销中心）、82562819（组稿）
经　　售	北京科水图书销售有限公司 电话：（010）68545874、63202643 全国各地新华书店和相关出版物销售网点
排　　版	北京万水电子信息有限公司
印　　刷	三河市鑫金马印装有限公司
规　　格	184mm×260mm　　16 开本　　17.5 印张　　437 千字
版　　次	2022 年 11 月第 1 版　　2022 年 11 月第 1 次印刷
印　　数	0001－3000 册
定　　价	49.00 元

前　　言

大学计算机基础课程是高等学校的公共必修课程，在培养学生的计算机应用能力与素质方面具有基础性和先导性的重要作用。办公软件是指能完成文字处理、表格处理、演示文稿制作、简单数据库处理等工作的一类软件，其应用范围非常广泛，大到社会统计，小到会议记录，数字化的办公离不开办公软件的支持。可以说，在现代社会里，人人都应该学会办公软件的使用。同样，对于大学生来说，具备办公软件应用技能是非常重要的。

本书结合全国计算机等级考试二级 WPS Office 高级应用与设计考试要求以及当前高等学校大学计算机基础教学的实际需要而编写，希望能帮助读者提高办公软件的操作与应用能力，并适应计算机等级考试的需求。

全书分为 11 章，主要内容包括 WPS 文字的基本操作、WPS 文字的表格与图形功能、长文档操作与邮件合并、PDF 文件与云文档、WPS 表格的基本操作、WPS 表格的数据计算、WPS 表格的图表操作、WPS 表格的数据管理、WPS 演示的基本操作、幻灯片外观设计、演示文稿放映设计。每章都有相应内容的案例分析及操作方法，突出操作技能与应用能力，并提供所有案例和课后习题的素材，便于读者练习、巩固提高。

本书可作为高等学校大学计算机基础与办公软件高级应用课程的教材或计算机等级考试的教学用书，也可供社会各类计算机应用人员阅读参考。

本书由牛莉、刘卫国担任主编，刘红军担任副主编，其中第 1～3 章和第 9～11 章由牛莉编写，第 4 章由刘卫国编写，第 5～7 章由刘红军编写，第 8 章由刘红军、刘秀珍编写。在本书编写过程中，许多老师就内容组织、体系结构提出了宝贵意见，在此表示衷心感谢。

由于编者水平有限，书中难免有不妥之处，恳请广大读者批评指正。

编　者
2022 年 7 月

目　　录

第 1 章　WPS 文字的基本操作

在 WPS 中进行文字处理，首先要创建或打开一个文档，用户输入文档的内容，然后进行编辑和排版，工作完成后将文档以文件形式保存，以便今后使用。文档编辑是指对文档的内容进行增加、删除、修改、查找、替换、复制和移动等一系列操作。在 WPS 环境下，不管进行何种操作，必须遵循"先选定，后操作"的原则。当编辑处理完一份文档后，需要进一步设置文档的格式，从而美化文档，便于读者阅读和理解文档的内容。

学习目标：

● 熟悉 WPS 操作界面的使用和功能设置。

● 掌握文档的创建、编辑、保存、打印和保护等基本操作。

● 掌握符号、数学公式的输入与编辑方法。

● 掌握字体设置、段落格式设置、调整页面布局等排版操作。

1.1　WPS 概述

WPS（Word Processing System）意为文字处理系统，是金山软件公司推出的办公软件。它最初出现于 1989 年，在微软 Windows 系统出现以前，DOS 系统盛行的年代，WPS 曾是中国最流行的文字处理软件，从最初 DOS 下的单一 WPS 文字处理软件，发展到现在支持文字文档、电子表格、演示文稿、PDF 文件等多种办公文档处理，并集成一系列云服务，提升办公效率的一站式融合办公平台。

1.1.1　WPS 首页

WPS 首页是用户准备工作的起始页。用户可以从首页开始或继续各类工作任务，如新建文档、访问最近使用过的文档和查看日程等。首页分为 6 个主要区域，如图 1-1 所示。

1. 全局搜索框

全局搜索框位于 WPS 首页顶部，通过它，可以搜索本地文档、云文档、办公技巧和帮助、模板资源，以及打开 WPS 云文档分享的网址链接。

2. 设置和账号

设置和账号区域位于窗口的右上方，其中包括了"意见反馈""稻壳皮肤""全局设置"按钮和个人头像等。

（1）意见反馈。单击 WPS 的"意见反馈"按钮 ，可以帮助用户查找和解决使用中遇到的问题。

（2）稻壳皮肤。单击"稻壳皮肤"按钮 ，打开皮肤中心窗口，可以切换 WPS 界面的各种皮肤。

图 1-1 WPS 首页

（3）设置。单击"全局设置"按钮 ⚙️，从弹出的菜单可以进入 WPS 的设置中心、启动配置、修复工具和查看 WPS 的版本号等。

（4）账号与头像。未登录账号时，单击此处会打开 WPS 的账号登录框。登录之后，会在此处显示用户的名称和头像，以及用户的会员状态，单击头像，可打开个人中心进行账号管理。

3. 导航栏

导航栏可以帮助用户快速新建和打开文档，以及在文档管理和日程管理视图之间切换。

（1）新建。单击"新建"按钮，显示新建界面供用户选择要新建的项目。

（2）从模板新建。单击"从模板新建"按钮，打开"从模板新建"对话框，从稻壳的海量模板中选择一个模板新建文档。

（3）打开。单击"打开"按钮，弹出"打开文件"对话框，选择要打开的文件。

（4）文档。默认文档是激活状态，并在首页中部显示文档列表。

（5）日历。单击"日历"按钮，首页中部将切换到日历视图。

4. 应用栏

应用栏用于放置常用的扩展办公工具和服务入口。

"应用"按钮位于应用栏的最底部。单击"应用"按钮即可打开"应用中心"窗口，目前提供的工具软件和服务如图 1-2 所示。

在"应用中心"窗口中，单击某个应用右上方的星号，如图 1-3 所示，即可将该应用添加到 WPS 首页左侧的应用栏中。已添加的应用右上角星号会以黄色显示，再单击一次即可从应用栏中移除此应用。

5. 文档列表

文档列表位于首页中间，帮助用户快速访问和管理文档。

图 1-2　"应用中心"窗口

图 1-3　添加应用到侧栏

6. 消息中心

消息中心由多个区域构成，主要用于展示与账号相关的状态变更信息和协作消息，也有办公技巧等内容推送。

1.1.2　文档基本操作与基本概念

1. 文档的新建

WPS 提供了如图 1-1 所示的新建文档入口：顶部标签栏的"＋"号按钮；WPS 首页左侧导航栏的"新建"按钮。

单击"新建"按钮后，进入 WPS 的新建界面。WPS 的新建界面以标签页的形式显示，如图 1-4 所示，提供了多种办公文档类型的创建功能。

图 1-4　文档新建界面

（1）选择文档类型。文档类型选择区提供了各种文档类型按钮。单击要创建的文档类型按钮即可打开对应的标签页，如创建文字、表格、演示、PDF 等多种格式的文档。

（2）新建空白文档。单击"新建空白文档"按钮，即可新建所选文档类型的空白文档。

（3）推荐模板。用户可以选择一个推荐的模板创建文档，方便用户快速创建需要类型的文档。

（4）模板搜索框。用户可在此搜索框中输入关键词，快速查找想要的模板。

（5）模板分类。用户可以按分类来浏览、查找所需要的模板。

2．文档的访问

文档列表区分为两大部分：文件导航栏和文件列表视图（包括文件列表和文件信息面板）。在选定了文件时，就会展示对应的文件信息面板，如图 1-5 所示。

（1）文件导航栏。

最近：显示最近打开过的文档，便于用户延续上次未完成的工作。在登录账号并启用文档云同步后，最近列表中的文档可跨设备访问。

星标：WPS 云文档提供的标记功能。标记后，便于用户快速查找和访问文档。

我的云文档：我的云文档是 WPS 为用户提供的在线文档存储服务。用户将文档保存在其中，可以实现跨设备无缝同步和访问。

共享：通过 WPS 云文档可以和其他用户互相分享文档，方便快速查找和管理。

常用：固定常用的文件夹或团队，用来快速查找和访问。

（2）文件列表。单击导航栏中任意一个按钮后，对应的文件会在中间的文件列表中显示。用户可以在文件列表视图中进行各类常规的文档操作。

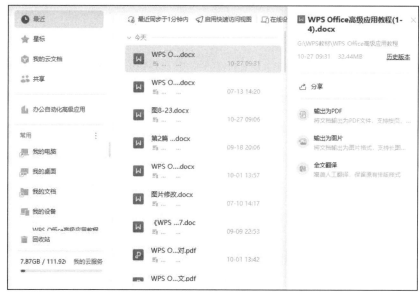

图 1-5　文档列表区域

（3）文件信息面板。单击文件列表中的任意文档，在界面右侧区域将显示该文件信息面板。信息面板会显示文档的完整名称、路径、大小、历史版本（仅限云文档）等基本属性，也可以快速执行发起协作、分享和移动等操作。

3．文档的管理

WPS 首页的文档列表支持大部分的常规文件管理操作，基本操作方式与系统资源管理器相似，如复制、粘贴、重命名文件等，此外，WPS 有一些特殊的操作。

（1）快捷操作按钮。在任意文档列表中，将鼠标悬停到文件或文件夹上时，该文件或文件夹的右侧会出现如图 1-6 所示的快捷操作按钮。

图 1-6　快捷操作按钮

分享：单击"分享"按钮，将弹出分享窗口，供用户快速发起文件共享。

星标：单击星标按钮"☆"点亮星标，为对应文件或文件夹添加星标。添加星标后的项目将在首页的"星标"界面中展示。再次单击已点亮的星标，可以将该文件或文件夹从"星标"列表中移除。

更多操作：单击"更多操作"按钮 ⋮ 后，将展开该项目的快捷菜单。

（2）文件和文件夹的快捷菜单。在文档列表中，右击任意文件或文件夹，即可弹出如图 1-7 和图 1-8 所示的快捷菜单。用户可通过单击菜单上的命令执行所需的操作。

对于不同类型的条目和不同的列表，可用的菜单项会有所不同。

4．文档标签

（1）文档标签。文档标签是 WPS 特有的文档管理方式，所有的文档都默认以标签页的形式打开，WPS 的文档标签在 WPS 界面上方的文档标签栏中显示，如图 1-9 所示的文字文稿 1、工作簿 1、演示文稿 1 对应于 WPS 文字、WPS 表格、WPS 演示二个文档标签。

图 1-7　文件快捷菜单

图 1-8　文件夹快捷菜单

图 1-9　文档标签

利用文档标签可以快速切换文档。在一个窗口内单击文档标签可以快速切换文档而不需要在系统任务栏中寻找对应文档。

利用文档标签方便文档归类放置。通过调整位置或放入若干窗口的方式,可以将相关的文档标签放到一起。

(2)文档标签的基本操作。

1)标签的切换。

方法一:单击 WPS 标签栏的对应标签进行切换。

方法二:按 Ctrl+Tab 组合键快捷切换。按一次组合键可以在相邻的两个标签间切换,连续按住组合键可以在当前窗口的所有标签间轮流切换。

方法三:通过系统任务栏按钮悬停时展开的缩略图进行切换,如图 1-10 所示。

图 1-10　在系统任务栏切换文档

2）标签的关闭。关闭文档标签有如下方法：

方法一：单击文档标签右侧的"×"按钮（在文档有修改时会显示为黄色圆点）。

方法二：通过右击文档标签，在快捷菜单中利用"关闭"命令关闭，如图 1-11 所示。

图 1-11　文档标签的快捷菜单

单击文档标签快捷菜单中的"关闭"命令，效果与直接单击标签上的"关闭"按钮相同。单击"关闭其他""右侧""全部"等命令可以对标签进行批量关闭操作。

3）标签的移动。在文档标签上按住鼠标左键并左右拖拽，可移动文档标签的位置。

（3）固定文档标签。将重要文档固定在标签栏，右击标签，单击快捷菜单中的"固定标签"命令。被固定的标签不会显示"关闭"按钮，可避免误操作而关闭。

（4）标签信息面板的显示。将鼠标悬停在文档标签上，便会显示该标签的信息面板，如图 1-12 所示。

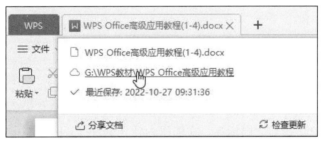

图 1-12　文档标签的信息面板

文档标签信息面板中包括文档名称、存放路径、更新状态和时间等。可以快速进行打开文档所在位置、查看云文档的历史版本、分享文档、检查云文档是否有更新等操作。

（5）标签快捷菜单。右击文档标签，会出现标签快捷菜单，快捷菜单里提供了许多常用的命令。根据文档内容不同，会出现以下两种形式的标签快捷菜单。

1）文档标签快捷菜单。主要提供"保存""另存为""分享文档""打开所在位置"等与文档相关的命令，底部为所有标签通用的标签控制命令，如图 1-11 所示。

2）网页标签快捷菜单。用 WPS 打开网页后，右击网页标签，弹出快捷菜单，主要提供"新建网页标签""重新加载""使用默认浏览器打开此网页"等与网页相关的命令，底部为所有标签通用的标签控制命令，如图 1-13 所示。

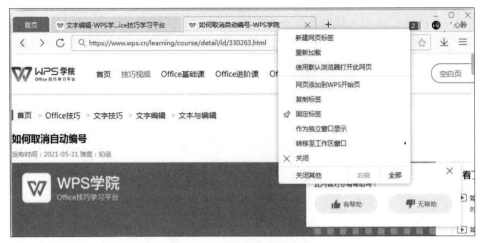

图 1-13 网页标签快捷菜单

5. 文档标签和独立窗口之间的切换

用户在 WPS 中可以将一个标签转换为一个独立窗口的形式显示。

（1）从文档标签切换到独立窗口。右击文档标签，单击快捷菜单中的"作为独立窗口显示"命令即可，操作后如图 1-14 所示。

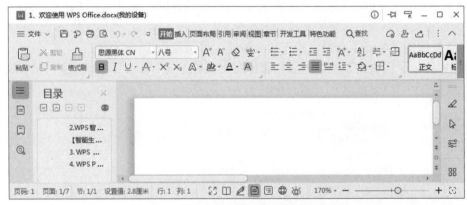

图 1-14 文档"作为独立窗口显示"界面

（2）把独立窗口切换到文档标签。文档作为独立窗口打开时，右上角显示"文档信息""窗口置顶""作为标签显示"等按钮，如图 1-14 所示。单击"作为标签显示"按钮，即可切换独立窗口到文档标签。

6. 工作窗口

（1）工作窗口。工作窗口是指 WPS 每个窗口独立的工作环境。每个工作窗口都有独立的标签列表。在打开的文档标签过多的时候，用户可以用工作窗口来管理它们。把从属于同一任务的文档标签放在一个窗口中，并可以将标签列表以工作区的形式保存下来。

（2）工作窗口的创建。在 WPS 首次启动时，会自动生成一个默认工作窗口。启动后，可以通过下列方法创建更多的窗口：

1）使用快捷菜单。右击想要移动的标签，单击快捷菜单中"转移至工作区窗口"命令，选择"新工作区窗口"或其中列出的任意一个已有的工作窗口，如图 1-15 所示。

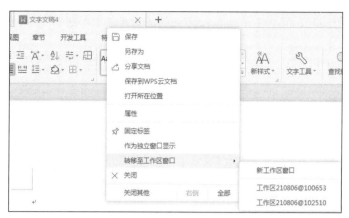

图 1-15　转移至工作区窗口

2）拖动标签。在已打开的文档标签处按住鼠标左键不放，然后向标签栏的下方拖拽，将该标签从原工作窗口分开而生成一个新的工作窗口。

（3）工作窗口的使用。

1）文档标签移动到另一个工作窗口。在需要移动的文档标签处按住鼠标左键不放，然后将它拖拽到目标工作窗口的标签栏中再松开鼠标左键，则将文档标签移动到了其他工作窗口中。

2）工作窗口切换。对于已经打开的若干个工作窗口，单击 Windows 系统任务栏中显示的独立按钮，即可切换工作窗口。单击标签栏右侧的"工作区"按钮，在出现的工作区和标签列表面板中进行切换。

3）工作区的新建。只有通过工作区列表的"+"按钮主动创建的工作区才会被保存下来，拖拽标签产生的临时工作窗口不会自动保存到工作区列表中。

单击"+"按钮后，在工作区列表中产生一个新的工作区条目，如图 1-16 所示。单击"在新窗口中打开此工作区"按钮，以窗口的形式显示新建的工作区，方便拖拽标签。通过右击标签，单击快捷菜单中的"转移至工作区窗口"命令，可以将标签移动到新建的工作区。

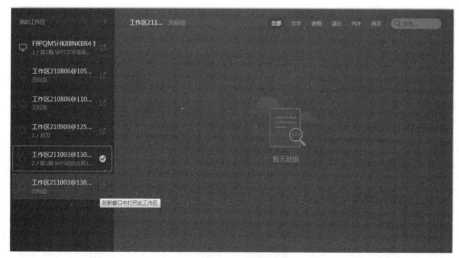

图 1-16　新建工作区

4）工作区的管理。右击一个工作区条目，可以通过快捷菜单进行"重命名""删除"等操作。删除工作区的同时，也会关闭该工作区内的所有标签。另外，每个设备的默认工作区不可以被删除。

单击工作区左侧的圆圈，可更改工作区的图标颜色，如图 1-17 所示。

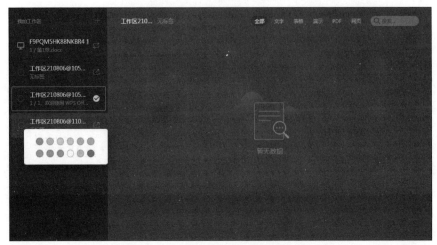

图 1-17　更改工作区的图标颜色

1.2　WPS Office 文字的操作界面

WPS Office 文字具有友好的操作界面和集成的操作环境，操作简单方便，具有"所见即所得"的特点，能极大地提高学习和工作效率。

1.2.1　操作界面的组成

1. 功能区

WPS Office 文字中，每个选项卡下方是功能区，功能区中含各种功能按钮，如图 1-18 所示。单击选项卡，可以显示此选项卡所包含的组和各组相应的按钮。

图 1-18　WPS Office 文字功能区

在 WPS 文字中，主要的选项卡包括"开始""插入""页面布局""引用""审阅""视图""章节""开发工具"和"特色功能"，每个选项卡都包含多组相关的按钮。例如，在"开始"选项卡中，从左至右依次为"剪贴板""字体""段落""样式和格式"组以及"文字工具""查找替换"和"选择"按钮，其中每个组又包含多个按钮。

在有些组中，其右下角有一个"对话框启动器"按钮 ，单击该按钮可以打开相应的对话框或任务窗格。例如，在"开始"选项卡中，单击"字体"组右下角的"对话框启动器"按钮，将打开"字体"对话框，如图 1-19 所示。在该对话框中，除了能实现"字体"组中绝大部分按钮的功能外，还可以设置更多字体格式。

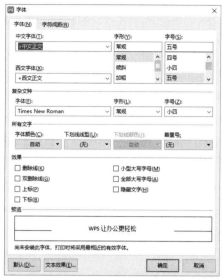

图 1-19　"字体"对话框

另外，功能区可以隐藏或显示，若要隐藏功能区，则单击隐藏功能区按钮 ∧ ；若要再次显示功能区，则单击显示功能区按钮 ∨ ，或双击选项卡标签。

2. 快速访问工具栏

快速访问工具栏是一个可自定义的工具栏，位于标题栏的左上角，它是一组独立于选项卡的按钮。操作过程中，对频繁使用的按钮可以添加到快速访问工具栏。操作步骤如下：

（1）单击快速访问工具栏右边的"自定义快速访问工具栏"按钮 ⌄ 。

（2）单击"其他命令"命令。弹出"选项"对话框。如图 1-20 所示。

（3）单击"常用命令"列表框中的一个命令，如"粘贴"，单击"添加"按钮。则添加的命令出现在右边"当前显示的选项"列表框中，如图 1-20 所示。

（4）单击"确定"按钮。

图 1-20　"选项"对话框

添加到快速访问工具栏的按钮可以快速删除，右击待删除的按钮，单击快捷菜单中的"从快速访问工具栏删除"命令即可。

3. 上下文选项卡

除标准选项卡之外，有些选项卡只有在选定特定对象后才会在功能区中显示出来，具有智能特性，称为上下文选项卡。

4. 自定义功能区

在功能区中，虽然选项卡以及命令的分布是根据多数用户的操作习惯来确定的，但对于有不同使用需求和习惯的用户，也可以自己设置功能区，其操作步骤如下：

（1）单击"文件"菜单下的"选项"命令，打开"选项"对话框，单击"自定义功能区"选项卡，如图 1-21 所示。

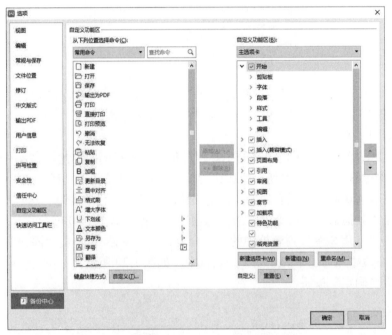

图 1-21　自定义功能区

（2）在对话框的"自定义功能区"选项卡中，用户可以在右侧区域中单击"新建选项卡"或"新建组"按钮，创建所需要的选项卡或组，并将相关的命令添加至其中，单击"确定"按钮完成设置。

1.2.2　视图

WPS 文字提供了多种视图方式供用户查看文档。所谓视图，就是文档的不同显示方式，采用不同的视图方式查看文档，就如同从不同的方向观察一件物品，用户可以根据编排的具体对象来选择相应的视图模式。

视图的切换方法有两种：一是通过功能区"视图"选项卡中的"视图"组来切换文档视图，二是在文档状态栏的右下角区域进行切换。WPS 文字提供了 7 种视图及导航窗格，查看方式的作用和特点如表 1-1 所示。

表 1-1　视图模式的作用与特点

视图模式	作用与特点
全屏显示	一种全屏显示的模式，使用这种显示模式后，整个电脑屏幕就只有编辑的文字在窗口，其他都被隐藏
阅读模式	隐藏了功能区，根据分辨率自动调整文本大小，适合长文档的阅读
写作模式	对文档编辑和输入时用，隐藏了很多选项卡
页面模式	系统默认的视图模式，可以显示页面大小、布局，并进行各种对象的插入与编辑，显示文档打印的真实效果
大纲模式	以大纲的形式查看文档，分级显示所有标题
Web 模式	文档是以网页的形式显示
护眼模式	对眼睛有一定保护作用，缓解眼睛的疲劳

1.3　文档的基本操作

文档的基本操作包括如何创建、保存、打开以及关闭文档，这是 WPS 中最基本的一类操作。

1.3.1　文档的新建与打开

1. 文档的新建

有如下几种操作方法：

（1）单击"首页"→"新建"按钮，在"新建"窗口中，单击"文字"按钮，单击"新建空白文档"按钮。

（2）单击"文件"→"新建"→"新建"命令，在"新建"窗口中，单击"文字"按钮，单击"新建空白文档"按钮。

（3）单击"文件"右边的下拉按钮，单击"文件"→"新建"命令。

（4）单击"首页"→"新建"按钮，在"新建"窗口中，单击"文字"按钮，根据需要选择模板类型，则可以创建具有统一规格、统一框架的文档。

2. 文档的打开

双击已经创建好的 WPS 文档图标，即可打开 WPS 文档。除此之外，WPS 还提供了以下打开已有文档的方法：

（1）单击"首页"→"打开"命令，或者单击"文件"→"打开"命令，或者按 Ctrl+O 组合键，打开"打开文件"对话框。

（2）在"打开文件"对话框中，查找到目标文件存放路径，选择目标文件，单击"打开"按钮。

1.3.2　文档的保存和保护

当 WPS 文档编辑完成后，可通过 WPS 的保存功能将其存储到电脑或者其他外部设备中，以便后期查看和使用。另外，还可以通过设置密码来保护文档。

1．保存文档

在文档编排过程中，保存操作是至关重要的。

（1）保存新建文档。需要注意的是，在新建 WPS 文档后，自动生成的"文字文稿1"仅暂存在内存中，并没有保存在外存储器中，只有进行了正确的保存操作，当前文档才能被保留下来。

保存新建文档操作方法如下：

1）单击"文件"→"保存"命令，或者单击快速访问工具栏中的"保存"按钮，打开"另存文件"对话框，如图 1-22 所示。

图 1-22　"另存文件"对话框

2）通常默认保存位置为"我的文档"文件夹，用户可以重新更改文档存放路径。

3）在"文件名"文本框中输入保存后的文件名。

4）如果保存为默认的扩展名为".docx"的文档类型，则操作步骤5），完成文件保存。但如果需要更改文件类型，则单击"保存类型"下拉按钮，从中选择其他文件类型，例如保存为 PDF 文件则选择"PDF 文件格式(*.pdf)"选项。

5）单击"保存"按钮，即可将当前文件保存为相应的文件格式。

（2）保存已有文档。对于已经保存过的文档，若更新了其中的内容或设置而需要再次保存时，则单击快速访问工具栏的"保存"按钮即可。

但如果需要重命名保存、更改保存路径或更改保存类型时，则应单击"文件"→"另存为"命令，在打开的"另存文件"对话框中，重新输入文件名、更改保存位置或保存类型。

2．保护文档

为了防止他人打开或者修改文档，用户可以利用 WPS 提供的设置密码功能来保护文档，设置方法如下：

（1）单击"文件"→"另存为"命令，打开"另存文件"对话框。

（2）在该对话框中，单击"加密"按钮，打开如图 1-23 所示的"密码加密"对话框。

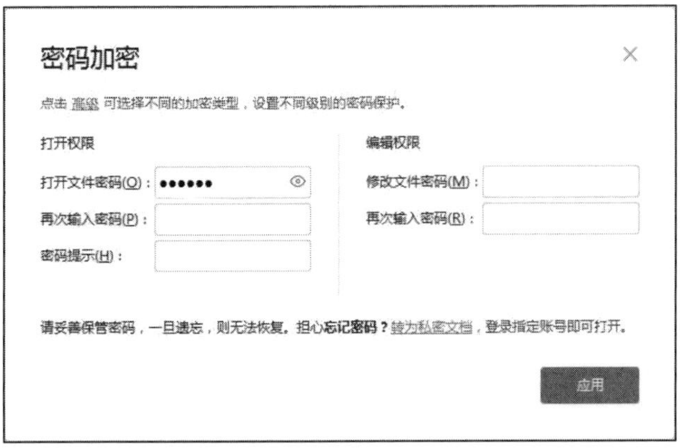

图 1-23 "密码加密"对话框

（3）在相应的文本框中输入密码。

其中，当设置"打开文件密码"后，则需要正确输入密码才能打开该文档。设置"修改文件密码"后，则只有正确输入密码才能将修改后的文档以原文件保存，否则只能以只读方式打开文档。

（4）单击"应用"按钮，完成设置。

1.4 文本对象的输入与编辑

WPS 文档内容主要由文本、表格、图片等对象组成。其中，常规文本对象可通过键盘、语音、手写笔和扫描仪等多种方式进行输入，但对于特殊文本对象则需要借助"插入"选项卡才能完成。

1.4.1 常规文本的输入与编辑

1. 输入常规文本

常规文本是组成 WPS 文档最基本的元素，都可以通过键盘进行录入。

（1）中/英文录入。中/英文字符都可以通过键盘直接录入。当需要输入汉字时，可以通过组合键 Ctrl+Shift 切换各汉字输入法，还可以通过组合键 Ctrl+Space 进行中英文输入法的直接切换。但需要注意的是，当大写字母锁定生效时，无论在何种输入法状态，都只能输入大写英文字母。

（2）换行/分段。在输入过程中，WPS 会根据内容自动换行，只有在一个段落结束时，才需要按 Enter 键（回车键）。这时产生"段落标记"符号 ↵，通常称为"硬回车"。显然，如果将一段内容分成两段，只需将光标定位到分段处按 Enter 键即可。

如果将一段分为多行显示，则按组合键 Shift+Enter，换行后，行末出现↓标记，通常称为"软回车"。

2. 编辑文本

（1）选定文本。在编辑文本时，首先需要选定文本，一般常用的有两种方法：

方法 1：利用鼠标选择。

单击要选定内容的开始位置，拖拽鼠标到结束位置，松开鼠标即可。

方法 2：利用键盘组合键 "Shift+→←↑↓" 选择。

鼠标单击开始位置，按 Shift+→←↑↓组合键向右、左、上、下选定区域。

选定一定范围的文本方法有多种，如表 1-2 所示。

表 1-2　选定文本的操作方法

选定范围	操作方法
选定一个段落	双击段落左边的文本选定区，或在段落中的任何位置三击鼠标左键
选定一行或多行	指针指向文本选定区，单击选定一行，沿垂直方向拖动可选定多行
选定矩形文本	将光标定位在矩形文本块的一个顶点，在按住 Alt 键的同时，按住鼠标左键拖动至对侧顶点
选定不连续的文本块	先选中第一部分，在按住 Ctrl 键的同时，按住鼠标左键逐一拖选其他部分
选定全部文本	指针指向文本选定区，三击鼠标左键，或按 Ctrl+A 组合键

（2）删除文本。将光标定位到待删除文本的左侧或右侧。如果需要删除光标左侧的字符则按 Backspace 键，反之按 Delete 键。当需要删除较多的文本时，可以先选定文本，再按 Delete 键或 Backspace 键，以提高编辑效率。同理，若需将两段的内容合成一段，则只需合理选择上述两个键删除两段间的空格及回车符即可。

（3）复制和移动文本。在 WPS 中移动和复制文本的方法有多种，其操作方法与 Windows 操作系统中的剪切和复制操作类似，主要分为用鼠标操作和键盘操作两种，基本方法如表 1-3 所示，所有操作必先选定对象。

表 1-3　复制、移动文本的方法

操作	鼠标操作	键盘操作
复制	按住 Ctrl 键的同时，按住鼠标左键拖动到目标位置	按 Ctrl+C 组合键进行复制 按 Ctrl+V 组合键进行粘贴
	按住鼠标右键拖动到目标位置，选择快捷菜单中的 "复制到此处" 命令	
	在 "开始" 选项卡中，单击 "剪贴板" 组中的 "复制" 按钮，光标定位到目标位置后，单击同一位置的 "粘贴" 按钮	
	右击，选择快捷菜单中的 "复制" 命令，光标定位到目标位置，右击后选择快捷菜单中的 "粘贴" 命令	
剪切	按住鼠标左键拖动到目标位置	按 Ctrl+X 组合键进行剪切 按 Ctrl+V 组合键进行粘贴
	按住鼠标右键拖动到目标位置，选择快捷菜单中的 "移动到此处" 命令	
	在 "开始" 选项卡中，单击 "剪贴板" 组中的 "剪切" 按钮，光标定位到目标位置后，单击同一位置的 "粘贴" 按钮	
	右击，选择快捷菜单中的 "剪切" 命令，光标定位到目标位置，右击后选择快捷菜单中的 "粘贴" 命令	

（4）撤消和恢复。撤消和恢复是专为防止用户误操作而设计的 "反悔" 机制，它们是相互对应的，撤消可以取消前一步（或几步）的操作，而恢复可以取消刚做的撤消操作，使用方

法如下:

单击快速访问工具栏的"撤销"按钮 ↩ 或使用 Ctrl+Z 组合键,可撤消前一步操作。若要撤消多步操作,则单击"撤销"按钮右侧的下拉按钮,从列表中进行选择。与此类似,单击快速访问工具栏的"恢复"按钮 ↪ 或按 Ctrl+Y 组合键,即可恢复最近的撤销操作。

1.4.2　特殊文本对象的输入与编辑

1. 符号的插入

当需要输入●、♣、©、↔等特殊文本对象时,除了少数符号可以通过软键盘录入外,更多的则需要用到 WPS 的插入符号功能,其操作步骤如下:

(1)将光标定位到待插入点,在"插入"选项卡中,单击"符号"按钮,打开"符号"对话框,如图 1-24 所示。

图 1-24　"符号"对话框

(2)从"字体""子集"下拉列表中选择需插入符号的字体和所属子集。

(3)在需要插入的符号上方双击,或者选择符号后,单击"插入"按钮,即可将该符号插入到指定位置。

(4)单击"取消"按钮,或关闭当前对话框,完成插入操作。

2. 公式的插入与编辑

常见的数学公式中不但有普通的文字和符号,通常还包含一些特殊的符号,这些文字和符号往往布局复杂,不能用常规的方法输入,公式的输入方法如下:

单击"插入"选项卡,单击"公式"按钮,弹出"公式编辑器"窗口,如图 1-25 所示。

图 1-25　"公式编辑器"窗口

利用上面的符号输入完公式后，单击"文件"菜单中的"退出并返回到 XXX"命令。

注意：除了用上述方法插入公式外，还可以通过以下方法来创建：

（1）单击"插入"选项卡，单击"对象"下拉按钮，在弹出的选项中选择"对象"命令，打开"插入对象"对话框，如图 1-26 所示。

图 1-26   "插入对象"对话框

（2）在"对象类型"列表框中，选择对象类型"WPS 公式 3.0"，单击"确定"按钮，打开"公式编辑器"窗口，如图 1-25 所示。

3．插入文档封面页

在 WPS 中，用户无需再为设计漂亮的封面而大费周折，内置的"封面页"为用户提供了充足的选择空间，为文档添加封面的操作步骤如下：

（1）将光标定位到插入封面的位置。

（2）单击"插入"选项卡，单击"封面页"按钮，打开系统内置的"封面页"。

（3）"封面页"以图示的方式列出了许多文档封面，单击其中一个样式的封面。

（4）在提示符位置分别输入内容。

1.4.3 查找与替换

WPS 查找与替换操作不仅可以帮助用户快速定位到查找的内容，还可以批量修改文档中的内容。

1．查找文本

查找功能可以帮助用户快速找到指定的文本，同时也能帮助核对该文本是否存在。查找文本的操作步骤如下：

（1）单击"开始"选项卡，单击"查找替换"按钮，打开"查找和替换"对话框。

（2）在"查找内容"文本输入框中输入需要查找的文本。

（3）单击"查找上一处"或"查找下一处"即可，如图 1-27 所示。

图 1-27　"查找和替换"对话框"查找"选项卡

2．替换文本

若要将某个内容进行批量修改，就可以使用替换操作，该操作步骤如下：

（1）单击"开始"选项卡，单击"查找替换"按钮，打开"查找和替换"对话框。

（2）单击"替换"选项卡，"查找内容"文本框中输入需要查找的文本，在"替换为"文本框中输入要替换的文本。

（3）单击"全部替换"按钮，替换所有的文本。也可以连续单击"替换"按钮，逐个查找并替换，如图 1-28 所示。

图 1-28　"查找和替换"对话框

（4）此时，打开提示对话框，提示已完成对文档的查找和替换，关闭对话框。

注意：除了上述的替换操作外，还可以进行字符模糊替换、格式替换等复杂的替换操作。

（1）单击"高级搜索"按钮。利用通配符"?"（任意单个字符）和"*"（任意多个字符）实现模糊内容的查找替换。例如：输入查找内容为"?国"则可以找到诸如"中国""美国"等字符；而输入"*国"则可以找到如"中国""孟加拉国"等字符。

查找与替换

（2）利用"特殊格式"按钮批量修改字符格式。如将"第 1 章.docx"文件中所有数字字符修改为 Arial 字体格式，操作过程如下：

1）在如图 1-28 所示的对话框中，将光标定位至"查找内容"文本框，单击对话框中的"特殊格式"按钮，在弹出的菜单中选择"任意数字"选项，此时，"查找内容"右侧文本框中显示代表任意数字的符号"^#"。

2）将光标定位至"替换为"文本框，单击对话框中的"格式"按钮，在弹出的菜单中选择"字体"，打开"替换字体"对话框。

3）在"西文字体"下拉列表中选择 Arial，单击"确定"按钮，返回"查找和替换"对话框，如图 1-29 所示。

图 1-29　批量修改字符格式

4）单击"全部替换"按钮，批量完成替换操作。

1.5　文档排版

如果用户不进行对象的手动排版，则 WPS 对录入的对象均设置为系统默认的排版格式，如字符对象的默认大小为"五号"，段落对齐方式为"两端对齐"。而实际情况往往需要进行格式的重新排版，才能使文档更加符合读者的阅读习惯和审美要求。

1.5.1　字符排版

字符排版是指对文本对象进行格式设置，常见的格式化设置包括字体、字号、间距等设置。在选定文本对象后，就可以根据以下方法进行字符排版。

1. 使用"字体"工具

在"开始"选项卡的"字体"组中，用户能完成绝大部分的字符格式设置，如字体大小、颜色、上下标、文字效果等。

2. 使用"字体"对话框

单击"开始"选项卡，单击"字体"组右下角的"对话框启动器"按钮 ，在打开的"字体"对话框中进行设置。

（1）"字体"选项卡。该选项卡的各项设置与"开始"选项卡中的"字体"组大致相同，还可以通过"预览"框查看设置后的效果。

（2）"字符间距"选项卡。在如图 1-30 所示的"字符间距"选项卡中，用户可以通过输入具体值或微调按钮来设置字符的缩放比例、间距和位置等。

图 1-30　"字符间距"选项卡

1.5.2　段落排版

段落是字符、图形或其他项目的集合，通常以"段落标记"作为一段结束的标记。段落的排版是指对整个段落外观的更改，包括对齐方式、缩进、段落间距和行间距等设置。

设置段落格式与设置字体格式类似，常用"段落"组和"段落"对话框两种方式。

1. 设置对齐方式

对齐方式是段落内容在文档的左右边界之间的横向排列方式。常用的对齐方式包括两端对齐、居中对齐、右对齐、左对齐和分散对齐。

在设置段落对齐方式的过程中，应先选择要设置对齐方式的段落，或将光标定位到段落中，在"开始"选项卡中，单击"段落"组中相应的对齐方式按钮 ≣ ≡ ≡ ≣ ≡。各对齐方式与其对齐效果如图 1-31 所示。

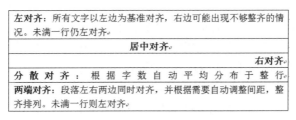

图 1-31　段落对齐方式及其对齐效果

2. 设置段落缩进

段落缩进是用来调整正文与页面边距之间的距离。常见的缩进方式有 4 种：首行缩进、悬挂缩进、文本之前和文本之后。与设置段落对齐方式类似，主要使用"段落"组和"段落"

对话框两种方式。

在"开始"选项卡中，单击"段落"组中的"减少缩进量"或"增加缩进量"两个按钮，可进行文本之前缩进量的增加或减少操作，但如果需要设置其他缩进，或者设置精确缩进量，则必须使用"段落"对话框。设置方法如下：

（1）单击"开始"选项卡，单击"段落"组右下角的"对话框启动器"按钮，打开如图 1-32 所示的"段落"对话框。

图 1-32　缩进设置

（2）选择"缩进和间距"选项卡，在"缩进"选项区域，可设置文本之前、文本之后和特殊格式的缩进量。

1）文本之前/文本之后缩进：设置整个段落左/右端距离页面左/右边界的起始位置。设置文本之前缩进和文本之后缩进时，只需在"文本之前"和"文本之后"文本框中分别输入左缩进和右缩进的值即可。

2）首行缩进：将段落的第一行从左向右缩进一定的距离，首行外的各行都保持不变。设置首行缩进时，单击"特殊格式"下拉按钮，在下拉列表中选择"首行缩进"选项，再在右侧输入缩进值，通常情况下设置缩进值为"2 字符"。

3）悬挂缩进：除首行以外的文本从左向右缩进一定的距离。设置悬挂缩进时，单击"特殊格式"下拉按钮，在下拉列表中选择"悬挂缩进"选项，再在右侧输入缩进值即可。

3．设置段间距和行间距

段间距是指相邻两段之间的距离，即前一段的最后一行与后一段的第一行之间的距离。行间距是指本段中行与行之间的距离。在默认情况下，行与行之间的距离为"单倍行距"，段前和段后距离为"0 行"。

设置段间距和行间距的方法与设置缩进方法类似，可在图 1-32 中的"间距"选项区域中进行设置。其中行距选项有"最小值""固定值""多倍行距"等，其对应选项和相应特点如表 1-4 所示。

表 1-4　"行距"下拉列表中的选项及显示特点

选项	显示特点
单倍行距	行距为该行能容纳本行最大字体的高度
1.5 倍行距	行距为单倍行距的 1.5 倍
2 倍行距	行距为单倍行距的 2 倍
最小值	默认单位为"磅"，WPS 会自动调整高度以容纳较大的字号
固定值	默认单位为"磅"，当文本大小超出设置值时，该行文本将不能完全显示出来
多倍行距	行距为单倍行距的 n 倍
设置值	默认单位为"磅"，该设置值只有在选择了"最小值""固定值"或"多倍行距"时才有效

还可以使用"段落"组中的"行距"工具⁝≡快速设置行间距和段间距。

注意：上述段落设置中，缩进、间距都可以在默认单位的基础上进行修改，如将"行"修改为"厘米"或"磅"，设置均可生效。

1.5.3　其他排版

1. 项目符号和编号

给段落添加项目符号和编号的目的是为了使文档条理分明、层次清晰。项目符号用于表示段落内容的并列关系，编号用于表示段落内容的顺序关系。

添加、删除项目符号和编号的常用方法如下：

（1）添加项目符号或编号。在文档中选择要添加项目符号或编号的若干段落，在"开始"选项卡中，单击"段落"组中的"项目符号"按钮≣或"编号"按钮≣，或者单击右侧的下拉按钮，从下拉的"项目符号库"和"编号库"中进行选择，都可完成项目符号或编号的添加。

另外，WPS 还提供了自动创建项目符号列表和编号列表功能，当用户为某一段落添加了项目符号或编号之后，按回车键开始一个新段落时，WPS 就会自动产生下一个段落的项目符号或编号。如果要结束自动创建项目符号或编号，可以连续按两次回车键或按 Backspace 键删除项目符号或编号。

（2）自定义添加项目符号或编号。如果内置的"项目符号库"和"编号库"中没有符合要求的类型，则可以单击"项目符号"或"编号"按钮右侧的下拉按钮，在弹出的下拉列表中选择"自定义项目符号"或"自定义编号"命令，打开如图 1-33 所示的对话框，单击任意项目符号，再单击"自定义"按钮，在如图 1-34 所示的对话框中自定义项目符号列表。自定义编号操作方法类似。

（3）删除项目符号和编号。如果要结束自动创建项目符号或编号，可以连续按两次 Enter 键或按 Backspace 键删除项目符号或编号。添加的项目符号或编号若要全部删除，则选择已添加项目符号或编号的段落后，再次单击"段落"组中的"项目符号"或"编号"按钮即可。

图 1-33　"项目符号和编号"对话框　　　　图 1-34　"自定义项目符号列表"对话框

注意：在"开始"选项卡中，利用"剪贴板"组中的"格式刷"工具可以快速复制对象的格式。复制时，首先选定作为样本的对象，单击"格式刷"按钮 ，鼠标指针改变为 形状，按住鼠标左键选择目标对象，松开鼠标左键，目标对象的格式即修改为样本对象的格式，同时鼠标指针还原至常规状态。若双击"格式刷"按钮，则可以进行多次格式复制，直到再次单击"格式刷"按钮或按 Esc 键才终止。

2．设置首字下沉

设置段落的第一行的第一个字变大，并且向下扩充一定的距离，段落的其他部分保持原样，这种效果称为首字下沉，它是书报刊物常用的一种排版方式。其设置过程如下：

（1）将光标定位到需要设置首字下沉的段落中。

（2）单击"插入"选项卡，单击"首字下沉"按钮，打开如图 1-35 所示的"首字下沉"对话框中，选择下沉类型，设置字体、下沉行数以及下沉后的文字与正文之间的距离，再单击"确定"按钮，即可完成设置。

3．分栏

在 WPS 中，分栏用来实现在一页上以两栏或多栏的方式显示文档内容，被广泛应用于报纸和杂志的排版中，分栏的操作方法如下：

选中要分栏的文本，单击"页面布局"选项卡，单击"分栏"下拉按钮，在下拉列表中选择一种分栏方式。

若设置超过 3 栏的文档分栏，则需选择下拉列表中的"更多分栏"命令，在打开如图 1-36 所示的"分栏"对话

图 1-35　"首字下沉"对话框

框中，可设置栏数、栏宽、分隔线、应用范围等，设置完成后，单击"确定"按钮完成分栏操作。如图 1-37 所示的分栏效果是采用了两栏分隔线形式。

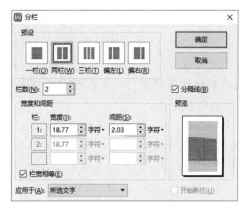

图 1-36　"分栏"对话框

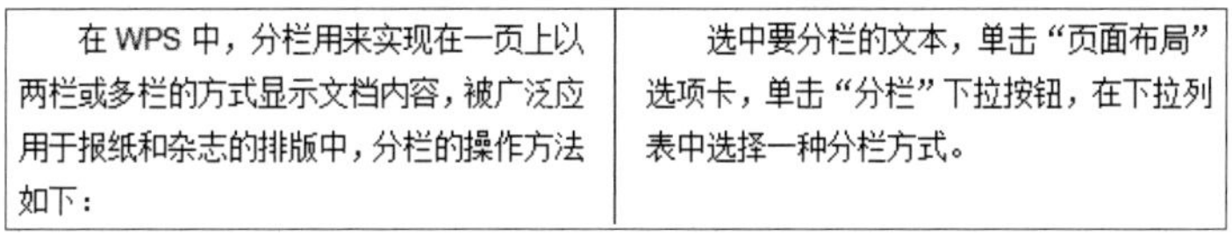

在 WPS 中，分栏用来实现在一页上以两栏或多栏的方式显示文档内容，被广泛应用于报纸和杂志的排版中，分栏的操作方法如下：	选中要分栏的文本，单击"页面布局"选项卡，单击"分栏"下拉按钮，在下拉列表中选择一种分栏方式。

图 1-37　分栏效果图

4. 设置边框与底纹

为了使重要的内容更加醒目或页面效果更美观，可以为字符、段落、图形或整个页面设置边框和底纹效果，设置方法如下：

（1）单击"开始"选项卡，单击"段落"组的"边框"按钮 ⊞ ▾，在下拉列表中选择"边框和底纹"命令，打开"边框和底纹"对话框。

（2）选择"边框"选项卡，可以设置边框线的样式、线型、颜色、宽度。但需要注意的是，设置流程的总体方向应遵循"从左到右，从上往下"的基本原则，否则设置效果将无效。例如，设置当前段落的边框为 1 磅宽度的红色虚线方框，则首先选择左侧设置区域的"方框"，再依次选择"线型"列表框中的"虚线"，"颜色"选"红色"，"宽度"为"1 磅"，在此过程中，右侧的"预览"栏中即时显示设置效果。如图 1-38 所示。

图 1-38　"边框和底纹"对话框

（3）在"底纹"选项卡中，可以为文字或段落设置颜色或图案底纹。

（4）选择"页面边框"选项卡，可以为页面设置普通的线型边框和各种艺术型边框，使文档更富有表现力。页面边框设置方法与"边框"设置方法类似。

注意：如果需要对个别边框线进行调整，还可以通过单击▢、▢、▢、▢按钮，分别设置或取消上、下、左、右 4 条边框线。

"边框和底纹"对话框中，"应用于"是指设置效果作用的范围。在"边框"和"底纹"选项卡中，"应用于"的范围包括选中的文字或选中文字所在的段落，而"页面边框"选项卡中"应用于"的范围则包括整篇文档或节。因此，在设置过程中应根据具体要求进行应用范围的选择。

5. 添加水印

WPS 的水印功能可以为文档添加任意的图片和文字背景，设置水印方法如下：

单击"插入"选项卡，单击"水印"按钮，在弹出的列表中选择所需预设水印即可；或者自定义水印，单击"点击添加"按钮或"插入水印"命令，打开如图 1-39 所示的"水印"对话框。

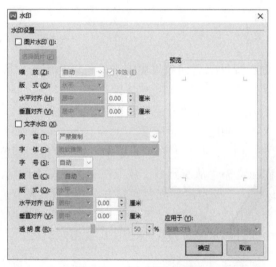

图 1-39　"水印"对话框

在"水印"对话框中，可以设置文字或图片作为文档的背景。如果需要设置图片水印，则勾选"图片水印"复选框，再单击"选择图片"按钮，在打开的"插入图片"对话框中选择目标图片文件。如果需要设置文字水印，则勾选"文字水印"复选框，在"内容"文本框中输入作为水印的文字，还可以设置文字的颜色、大小等。

取消文档中的水印效果，单击"水印"按钮，在弹出的列表中选择"删除文档中的水印"命令。

1.6　页面设置与文档打印

用户经常需要将编辑好的 WPS 文档打印出来，以便携带和阅读。在编排或打印文档之前，往往需要进行适当的页面设置。

1.6.1　页面设置

页面设置

WPS 采用"所见即所得"的编辑排版工作方式，而文档最终一般需要以纸质的形式呈现，所以需要进行纸型、页边距、装订线等页面格式设置。页面设置方法如下：

单击"页面布局"选项卡，单击"页面设置"组右下角的"对话框启动器"按钮 ，打开如图 1-40 所示的对话框，可分别在该对话框的 5 个选项卡中进行设置。

1.　"页边距"选项卡

（1）页边距设置。"页边距"选项卡主要用来设置文字的起始位置与页面边界的距离。用户可以使用默认的页边距，也可以自定义页边距，以满足不同的文档版面要求。在当前选项卡的"页边距"选项区域中，输入或单击微调按钮即可设置"上""下""左""右"页边距的值。

除此之外，还可以快速设置页边距：在"页面布局"选项卡中，单击"页边距"按钮，在弹出的如图 1-41 所示的下拉列表中，系统提供了"普通""窄""适中""宽"等预定义的页边距，从中进行选择即可。如果用户需要自己指定页边距，则在下拉列表中选择"自定义页边距"命令，打开如图 1-40 所示的对话框，在该对话框中再按上述方法进行设置。

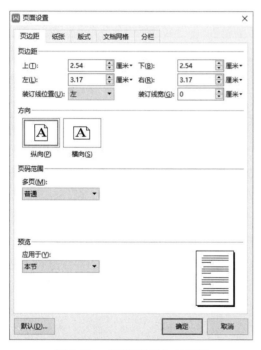

图 1-40　"页面设置"对话框

图 1-41　"页边距"下拉列表

（2）装订线设置。装订线的设置包括装订线宽度和装订线位置的设置。装订线宽度是指为了装订纸质文档而在页面中预留出的空白，不包括页边距。因此，页面中相应边预留出的空白空间宽度为装订线宽度与该边的页边距之和。如果不需要装订线，则装订线宽度为"0"。装订线位置只有"左"和"上"两种，即只能在页面左边或顶边进行装订。

（3）多页设置。在"页码范围"的"多页"设置中，WPS 提供了普通、对称页边距等 4 种多页面设置方式，表 1-5 描述了 3 种不同的多页设置方式与效果。

表 1-5　多页设置方式与效果

多页设置方式	效果
对称页边距	使纸张正反两面的内、外侧均具有同等距离，装订后会显得更整齐美观，此时，左、右页边距标记会修改为"内侧""外侧"边距
书籍折页	将纸张一分为二，中间是折叠线，正面的左边第 2 页，右边为第 3 页，反面的左边第 4 页，右边为第 1 页，对折后，页码顺序正好为 1、2、3、4
反向书籍折页	与书籍折页相似，不同的是折页方向相反

完成页面的相关设置后，在该对话框的任一选项卡的下方，均有"应用于"下拉列表，可指定当前设置应用的范围。默认情况下，如果文档没有分节，则为应用于"整篇文档"，否则应用于"本节"，如果选定了文字，则为应用于"所选文字"。下拉列表中的选项及其含义如表 1-6 所示。需要提醒的是，并非所有选项同时出现，而是根据实际情况有选择地出现。

表 1-6　"应用于"中的选项说明

选项	说明
整篇文档	应用于整篇文档
本节	仅应用于当前节，前提是文档已分节
所选文字	仅应用于当前所选定的文字。将自动在所选文字的前端和末端分别插入分节符，使当前所选文字单独编排在一页中
插入点之后	在当前插入点位置插入分节符，分节符后的文字从下一页开始到下一节开始之间的文字使用当前页面设置

2. "纸张"选项卡

在"页面设置"对话框的"纸张"选项卡中，可以设置打印纸张的大小。单击"纸张大小"选项的下拉按钮，在列表中选择需要的纸张类型，还可以通过指定高度和宽度自行定义纸张大小。

3. "版式"选项卡

在"页面设置"对话框的"版式"选项卡中，可以设置页眉和页脚的版面格式、节的起始位置等。

4. "文档网格"选项卡

"页面设置"对话框中的"文档网格"选项卡如图 1-42 所示，可在该对话框中进行文档网格线、每页行数和每行字数等设置。

（1）设置网格。在"网格"区域可设置每行能容纳的字符数和每页能容纳的行数。其中的 4 个选项及其含义如表 1-7 所示。

图 1-42　"文档网格"选项卡

表 1-7 "网格"区域中的选项说明

选项	说明
无网格	采用默认的每行字符数、每页行数和行跨度等
只指定行网格	采用默认的每行字符数和字符跨度，允许设定每页行数（1～48）或行跨度，改变其中之一，另一个值将会随之改变
指定行和字符网格	允许设定每行字符数、字符跨度、每页行数和行跨度等。改变了字符数（或行数），跨度会随之改变，反之亦然
文字对齐字符网格	可以设定每行字符数和每页行数，但不允许更改字符跨度和行跨度

（2）绘图网格。当文档中的图形对象较多时，WPS 提供的"绘图网格"功能可对文档中的图形进行更细致的编排。在图 1-42 中，单击"绘图网格"按钮，即可打开如图 1-43 所示的"绘图网格"对话框。

图 1-43 "绘制网格"对话框

5. "分栏"选项卡
与"分栏"对话框功能一样。

1.6.2 文档打印

为了便于阅读和携带，编辑好的文档往往需要打印出来，虽然显示器尺寸与纸张大小可能存在差异，无法预知打印效果，但通过 WPS 的打印预览功能可快速查看打印后的效果。

1. 打印预览
在打印文档前，单击"文件"菜单，单击"打印"→"打印预览"命令，即可切换到"打印预览"窗口。

2. 打印文档
在打印预览窗口中，经预览并确认无误后，即可进行打印方式的设置和打印操作。
单击"更多设置"弹出"打印"对话框；或者单击"文件"菜单，单击"打印"→"打印"命令，弹出"打印"对话框，进行各种打印设置。
完成设置后，单击"确定"按钮，即可开始打印。

3. 套打隐藏文字

由于特殊要求，有时在打印时需要将一些文本内容隐藏。WPS 文字内置的"套打隐藏文字"功能可以在打印时不显示隐藏文本，将隐藏文本的位置也保留下来，避免发生打印后的文档版式错位等情况。操作方法如下：

（1）在"打印"对话框中，单击"选项"按钮，弹出"选项"对话框。

（2）单击"隐藏文字"下拉列表中的"套打隐藏文字"命令。如图 1-44 所示。

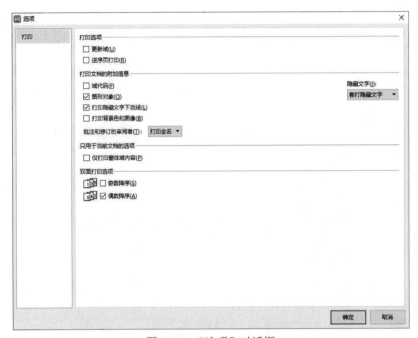

图 1-44   "选项"对话框

（3）单击"确定"按钮即可。打印后的文档在保留原有隐藏文字的前提下，也保留了隐藏文字的位置。

1.7   应用案例：文档编辑与排版

1.7.1   案例描述

按下列要求对"等级考试"文件进行操作。

（1）打开"等级考试.docx"文件，在文本前加上标题"全国计算机等级考试"。

（2）分段与合并：将文件"等级考试.docx"中第一段中最后一句话"目前该考试设为四个等级"单独设置为一段，将最后两段内容合成一段。

（3）删除、复制、移动操作：将第二段删除，将最后一段内容复制两次，将最后一段移动到第一段。

（4）替换：将文中所有"计算机"一词替换为"computer"，字号为"三号"，颜色为"红色"，加"着重号"。

（5）设置标题格式：将标题"全国计算机等级考试"设置为三号、黑体、加粗、居中对齐。

（6）设置正文格式：将正文各段首行缩进 2 字符，行距为 1.5 倍，字体为"隶书"，字号为"小四"。

（7）设置文档版面：要求页面高度 23 厘米，页面宽度 27 厘米，页边距（上、下）为"3厘米"，页边距（左、右）为"3 厘米"。

1.7.2　案例操作说明

1. 打开文件，添加标题

（1）单击"文件"→"打开"命令，或者按 Ctrl+O 组合键，打开"打开文件"对话框。

（2）在"打开文件"对话框中，查找到目标文件存放路径，选择目标文件"等级考试.docx"，单击"打开"按钮。

（3）添加标题：将插入点定位到第一段第一行的行首位置，然后输入标题内容"全国计算机等级考试"，按回车键。

2. 分段与合并

将光标插入点定位到第一段中"目前该考试设为四个等级"前面，按回车键即可把第一段分成两段。

将光标插入点定位到倒数第二段"一级考核……两部分。"后面的段落标记之前，按 Delete 键即可把最后两段合成一段。

注意：如果要将一个段落分两段，只需要将光标移动到要分段的位置，然后按回车键即可，如果要将两个段落合并成一段，只需要将前一段的段落标记删除即可。

3. 删除、复制、移动

删除：选中正文第二段（包括第二段的段落标记），在选中的区域上面右击，在快捷菜单中单击 "剪切"命令，即可删除第二段。

复制：选中最后一段（包括最后一段的段落标记），在选中的区域上面右击，在快捷菜单中单击"复制"命令，将插入点光标定位到最后一段的下面，右击，在快捷菜单中单击"粘贴"命令。用同样的方法再复制一次最后一段。

移动：选中最后一段（包括最后一段的段落标记），在选中的区域上面右击，在快捷菜单中单击"剪切"命令，将插入点光标定位到第一段开始位置，右击鼠标，在快捷菜单中单击"粘贴"命令。

单击"文件"→"保存"，保存文件。

4. 替换

（1）打开"开始"选项卡，单击"查找替换"下拉列表中的"替换"命令，打开"查找和替换"对话框。

（2）在"替换"选项卡的"查找内容"文本框中输入"计算机"，在"替换为"文本框中输入"computer"。如图 1-45 所示。

（3）将光标定位至"替换为"文本框。单击对话框中的"格式"下拉按钮，在弹出的下拉列表中选择"字体"，如图 1-46 所示，打开"替换字体"对话框。如图 1-47 所示。

图 1-45 "查找和替换"对话框

图 1-46 "格式"下拉列表

图 1-47 "替换字体"对话框

（4）在"字号"下拉列表中选择"三号"，在"字体颜色"下拉列表中选择"标准色"→"红色"，在"着重号"下拉列表中选择"."，单击"确定"按钮，返回"查找和替换"对话框，如图 1-48 所示。

图 1-48 替换格式

（5）单击"全部替换"按钮，替换所有的文本。也可以连续单击"替换"按钮，逐个查找并替换。

（6）此时，弹出提示对话框，提示已完成对文档的搜索和替换，关闭对话框。

5. 设置标题格式

（1）选定标题行"全国计算机等级考试"。

（2）在"开始"选项卡中，单击"字体"组中右下角的"对话框启动器"按钮，在打开的"字体"对话框中进行设置，"字号"为"三号"，"中文字体"为"黑体"，"字形"为"加粗"。

（3）在"开始"选项卡中，单击"段落"组中右下角的"对话框启动器"按钮，在打开的"段落"对话框中设置"对齐方式"为"居中对齐"。

6. 设置正文格式。

（1）选定所有正文。

（2）在"开始"选项卡中，单击"段落"组中右下角的"对话框启动器"按钮，在打开的"段落"对话框中进行设置，在"特殊格式"下拉列表中选择"首行缩进"，在"度量值"中输入"2 字符"，在"行距"下拉列表中选择"1.5 倍行距"，单击"确定"按钮。

（3）在"开始"选项卡中，单击"字体"组中右下角的"对话框启动器"按钮，在打开的"字体"对话框中设置中文字体为"隶书"，字号为"小四"。

7. 设置文档页面

（1）单击"页面布局"选项卡下"页面设置"组中的"对话框启动器"按钮，弹出"页面设置"对话框。

（2）单击"纸张"选项卡，设置"高度"为"23 厘米"，"宽度"为"27 厘米"。

（3）单击"页边距"选项卡，将"上"微调框和"下"微调框中都设置为"3 厘米"，将"左"微调框和"右"微调框中都设置为"3 厘米"。设置完毕后单击"确定"按钮即可。

（4）单击快速访问工具栏的"保存"按钮，最后关闭文件。

习题 1

一、选择题

1. WPS "首页"的"共享"列表不包含的内容有（　　　）。

   A．别人通过 WPS 共享给我的文件夹

   B．在操作系统中设置为"共享"属性的文件夹

   C．别人通过 WPS 共享给我的文件

   D．我通过 WPS 共享给别人的文件

2. 在 WPS 整合窗口模式下，不支持的文档切换方法是（　　　）。

   A．使用 Alt+Tab 组合键快捷切换

   B．单击 WPS 标签栏的对应标签进行切换

   C．使用 Ctrl+Tab 组合键快捷切换

   D．使用系统任务栏按钮悬停时展开的缩略图进行切换

3．小明在 WPS 文字中编辑一篇摘自互联网的文章，他需要删除文档每行后面的手动换行符，最优的操作方法是（　　　）。

    A．在每行的结尾处，逐个手动删除

    B．长按 Ctrl 键依次选中所有手动换行符后，再按 Delete 键删除

    C．通过查找和替换功能删除

    D．通过文字工具删除换行符

4．在 WPS 文字的功能区中，不包含的选项卡是（　　　）。

    A．审阅   B．邮件   C．章节   D．引用

5．WPS 文字中，针对设置段落间距的操作，下列说法正确的是（　　　）。

    A．一旦设置，即全文生效

    B．如果没有选定文字，则设置无效

    C．如果选定了文字，则设置只对选定文字所在的段落有效

    D．一旦设置，不能更改

6．WPS 文字中，为了将一部分文本内容移动到另一个位置，首先要进行的操作是（　　　）。

    A．光标定位   B．选定内容   C．复制   D．粘贴

二、操作题

1．某单位领导要求办公室秘书小林提供一份最新的中国互联网络发展状况统计文档。小林从网上下载了一份未经整理的原稿，按下列要求对该文档进行排版操作，并按指定的文件名进行保存。

（1）打开素材文件夹下的文档"WPS 文字素材.docx"，将其另存为"中国互联网络发展状况统计报告.docx"。

（2）按下列要求进行页面设置：纸张大小 A4，对称页边距，上、下边距各 2.5 厘米，内侧边距 2.5 厘米、外侧边距 2 厘米，装订线 1 厘米，页眉、页脚均距边界 1.1 厘米。

（3）文稿中包含 3 个级别的标题，其文字分别用不同的颜色显示。按表 1-8 要求对书稿应用样式，并对样式格式进行修改。

表 1-8　样式和格式对应表

文字颜色	样式	格式
红色（章标题）	标题 1	小二号字、华文中宋、不加粗，标准深蓝色，段前 1.5 行、段后 1 行，行距最小值 12 磅，居中，与下段同页
蓝色（用一、二、三、……标示的段落）	标题 2	小三号字、华文中宋、不加粗，标准深蓝色，段前 1 行、段后 0.5 行，行距最小值 12 磅
绿色（用(一)，(二)，(三)……标示的段落）	标题 3	小四号字、宋体、加粗，标准深蓝色，段前 12 磅、段后 6 磅，行距最小值 12 磅
除上述三个级别标题外的所有正文（不含表格、图表及题注）	正文	仿宋体，首行缩进 2 字符，1.25 倍行距，段后 6 磅，两端对齐

（4）为书稿中用黄色底纹标出的文字"手机上网比例首超传统 PC"添加脚注，脚注位于页面底部，编号格式为"①，②..."，内容为"网民最近半年使用过台式机或笔记本或同时使

用台式机和笔记本统称为传统 PC 用户"。

（5）将素材文件夹下的图片 pic1.png 插入到书稿中用浅绿色底纹标出的文字"调查总体细分图示"上方的空行中，在说明文字"调查总体细分图示"左侧添加格式如"图1""图2"的题注，添加完毕，将样式"题注"的格式修改为楷体、小五号字，居中对齐。在图片上方用浅绿色底纹标出的文字的适当位置引用该题注。

（6）根据第二章中的表 1 内容生成一张如示例文件 chart.png 所示的图表，插入到表格后的空行中，并居中显示。要求图表的标题、纵坐标轴和折线图的格式和位置与示例图相同。

（7）参照示例文件 cove.png，为文档设计封面，并对前言进行适当的排版。封面和前言必须位于同一节中，且无页眉、页脚和页码。封面上的图片可取自素材文件下的文件 Logo.jpg，并应进行适当的剪裁。

（8）在前言和报告摘要之间插入目录，要求包含标题第 1～3 级及对应页码，目录的页眉、页脚按下列格式设计：

页脚居中显示大写罗马数字"Ⅰ、Ⅱ"格式的页码，起始页码为"1"，且自奇数页码开始；页眉居中插入文档标题属性信息。

（9）自报告摘要开始为正文。为正文设计下面格式的页码：

自奇数页码开始，起始页码为"1"，页码格式为阿拉伯数字"1、2、3…"。偶数页页眉内容依次显示：页码、一个全角空格、文档属性中的作者信息，左对齐。奇数页页眉内容依次显示：章标题、一个全角空格、页码，右对齐，并在页眉内容下添加横线。

（10）将文稿中所有的西文空格删除，然后对目录进行更新。

2．小明为本部门报考会计职称的考生准备相关通知及准考证，利用试题文件夹下提供的相关素材，按下列要求帮助他完成文档的编排：

（1）新建一个空白 WPS 文字文档，利用文档"准考证素材及示例.docx"中的文本素材并参考其中的示例图，制作准考证主文档，以"准考证.docx"为文件名保存在试题文件夹下，以下操作均基于此文件。具体制作要求如下：

1）准考证表格整体水平、垂直方向均位于页面的中间位置。

2）表格宽度根据页面自动调整，为表格添加任一图案样式的底纹，以不影响阅读其中的文字为宜。

3）适当加大表格第一行中标题文本的字号和字符间距。

4）"考生须知"4 个字竖排且水平、垂直方向均在单元格内居中，"考生须知"下包含的文本以自动编号排列。

（2）为指定的考生每人生成一份准考证，要求如下：

1）在主文档"准考证.docx"中，将表格中的红色文字替换为相应的考生信息，考生信息保存在素材文件夹下的 WPS 表格文档"考生名单.xls"中。

2）标题中的考试级别信息根据考生所报考科目自动生成："考试科目"为"高级会计实务"时，考试级别为"高级"，否则为"中级"。

3）在考试时间栏中，令中级三个科目名称（素材中蓝色文本）均等宽。

4）表格中的文本字体均采用微软雅黑、黑色，并选用适当的字号。

5）在"贴照片"处插入考生照片（提示：只有部分考生有照片）。

6）为有照片的考生每人生成一份准考证，并以"个人准考证.docx"为文件名保存到素材文件夹下，同时保存主文档"准考证.docx"的编辑结果。

（3）打开素材文件夹下的文档"WPS 文字素材.docx"，将其另存为"WPS 文字.docx"，以下所有的操作均基于此文件。

1）将文档中的所有手动换行符（软回车）替换为段落标记（硬回车）。

2）在文号与通知标题之间插入高 2 磅、宽度为 14 厘米、标准红色、居中排列的直线。

3）将文档最后的两个附件标题分别超链接到试题文件夹下的同名文档。修改超链接的格式，使其访问前为标准紫色，访问后变为标准红色。

4）在文档的最后以图标形式将"个人准考证.docx"嵌入到当前文档中，任何情况下单击该图标即可开启相关文档。

第2章 WPS 文字的表格与图形功能

WPS 文字具有很强的表格制作、修改和处理表格数据的功能。制作表格时，表格中的每个小格称为单元格，WPS 文字将一个单元格中的内容作为一个子文档处理。对于表格中的文字，也可用设置文档字符的方法设置字体、字号、颜色等。WPS 文字在处理图形方面也有它的独到之处，真正做到了"图文并茂"。在 WPS 文字中使用的图形有图形文件、用户绘制的自选图形、艺术字、由其他绘图软件创建的图片等，这些图形可以直接插入到 WPS 文字文档中，丰富了文档内容，增强了文档的表现力。

学习目标：

- 掌握文档中表格的制作与编辑方法。
- 掌握表格中数据的计算方法与图表的生成方法。
- 掌握文档中图形、图像对象的编辑和处理方法。

2.1 表格的生成

在日常工作和生活中，人们常采用表格的形式将一些数据分门别类地表现出来，使文档结构更严谨，效果更直观，信息量更大。

2.1.1 插入表格

在 WPS 文字中，可以通过以下三种方式插入表格：一是从预先设好格式的表格模板库中选择，二是使用"表格"按钮，三是使用"插入表格"对话框。

1. 使用表格模板

表格模板是系统已设计好的固定格式表格，插入表格模板后，只需将模板中的内容进行修改即可。使用表格模板插入表格的方法如下：

（1）将光标定位到插入点。

（2）单击"插入"选项卡，单击"表格"按钮，如图 2-1 所示。在下拉列表中单击"插入内容型表格"中的"更多"。

（3）在如图 2-2 所示的"在线表格"模板中，选择一种模板，单击"插入"按钮。

（4）在已插入的表格中，将所需的数据替换模板中的原有数据。

2. 使用"表格"按钮

使用"表格"按钮滑动鼠标，插入表格的方法如下：

（1）将光标定位到插入点。

（2）单击"插入"选项卡下的"表格"按钮。

（3）在"插入表格"列表中移动鼠标指针以选择需要的行数和列数。

（4）单击鼠标左键，即可创建一个具体行数和列数的表格。

图 2-1   "表格"下拉列表

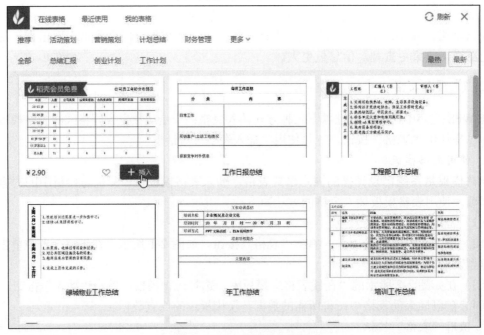

图 2-2   "在线表格"模板

3. 使用"插入表格"命令

使用"插入表格"命令插入表格，可以让用户在插入表格之前，选择表格尺寸和格式，操作方法如下：

（1）将光标定位到插入点。

（2）单击"插入"选项卡的"表格"按钮。

（3）在下拉列表中选择"插入表格"命令，打开"插入表格"对话框。

（4）在"表格尺寸"选项中输入列数和行数。

（5）在"列宽选择"选项中进行列宽设置。

（6）单击"确定"按钮，即可创建一个指定行数和列数的表格。

2.1.2　绘制表格

除上述方法外，用户还可以绘制复杂的表格，例如，绘制包含不同高度的单元格、每行不同列数的表格，操作方法如下：

（1）将光标定位到插入点，单击"插入"选项卡，单击"表格"按钮，选择下拉列表中的"绘制表格"命令。

（2）此时，鼠标指针变成铅笔形状 ，按住鼠标左键拖拽，可自由绘制表格。

（3）当绘制的直线不符合要求时，可以在"表格工具"上下文选项卡中，单击"擦除"按钮 ，此时鼠标指针变成橡皮擦形状。

（4）在线条上方单击，即可擦除该线条。若要擦除整个表格，则将鼠标指针停留在表格中，直至表格左上角显示移动图柄 ，再单击该图柄，按 Backspace 键删除整个表格。

（5）操作完成后，再次单击"绘制表格"按钮或"擦除"按钮，鼠标指针即可恢复正常形状。

注意： 表格的删除与表格内容的删除这两个操作是有区别的。在选择整张表格、行、列或单元格之后，按 Delete 键只能删除其内容，仍保留表格的行和列框线，若按 Backspace 键，则将框线连同内容一起删除。

2.1.3　表格与文本的相互转换

在平时的学习和工作中，经常会遇到需要将文本和表格相互转换的情

文本转换成表格

况，而利用 WPS 文字就可以很方便地把文本转换为表格内容，也可以把表格内容转换成文本。

1．文字转换成表格

制作表格时，通常是先绘制表格，再输入文本。而应用 WPS 文字的"文本转换成表格"命令，则可将编辑好的文本直接转换成表格内容，操作步骤如下：

（1）在将要转换为表格列的位置处插入分隔符，如逗号、空格等。

（2）选定需要转换的文本，单击"插入"选项卡，单击"表格"按钮，在弹出的下拉列表中选择"文本转换成表格"命令，打开"将文字转换成表格"对话框，如图 2-3 所示。

（3）在该对话框中设置"行数""列数"等参数，单击"确定"按钮完成转换。

2．表格转换成文本

有时用户需要将绘制好的表格转换成文本，操作方法如下：

（1）选定需要转换的表格。

（2）在"表格工具"上下文选项卡中，单击"转换成文本"按钮，打开如图 2-4 所示的"表格转换成文本"对话框。

（3）在对话框中设置文字分隔符的形式，单击"确定"按钮完成转换。

注意： 如果转换的表格中有嵌套表格，必须先选中"转换嵌套表格"复选框。

图 2-3   "将文字转换成表格"对话框   图 2-4   "表格转换成文本"对话框

2.2   表格的格式编排

在创建表格后，通常还要改变表格的形式，对表格进行修饰美化，即进行表格格式的编排。

2.2.1   表格的编辑

表格的编辑方法很多，在此主要介绍行、列或单元格的选择、插入、删除，以及合并、拆分单元格等操作。

1．选择

在表格不同范围的选择中，主要涉及整张表格、行、列和单元格的选择。根据选择范围的不同，其选择方法也有差异，具体方法如表 2-1 所示。

表 2-1   表格的选择方法

选择范围	操作方法
整张表格	在页面视图中，将鼠标指针停留在表格上，直至显示表格移动图柄⊞，然后单击表格移动图柄
一行或多行	鼠标指针呈↗形状，单击相应行的左侧
一列或多列	鼠标指针呈↓形状，单击相应列的顶部网格线或边框
一个单元格	鼠标指针呈↗形状，单击该单元格的左边缘

以上部分操作还可以在"表格工具"上下文选项卡中，单击"选择"按钮，在弹出的选项中进行选择。

2．行、列的插入或删除

将光标置于需要插入行、列的位置，在"表格工具"上下文选项卡中，单击"在上方插入行""在下方插入行""在左侧插入列""在右侧插入列"按钮插入新行或新列。将光标置于需要删除行、列的位置，单击"删除"按钮，从下拉列表中选择"单元格""行""列""表格"。

3．合并单元格

合并单元格是将多个邻近的单元格合并成一个单元格，用于制作不规则表格。选中要合并的单元格后，常用以下两种方法进行合并：

（1）在"表格工具"上下文选项卡中，单击"合并单元格"按钮。

（2）在选择范围的上方右击，在弹出的快捷菜单中选择"合并单元格"命令。

4．拆分单元格

与合并单元格相反，拆分单元格是将一个单元格分成若干个新单元格。将光标定位到要拆分的单元格后，常用以下两种方法进行拆分：

（1）在"表格工具"上下文选项卡中，单击"拆分单元格"按钮，打开"拆分单元格"对话框，输入要拆分的列数和行数，单击"确定"按钮完成拆分。

（2）在需要拆分单元格上右击，在弹出的快捷菜单中选择"拆分单元格"命令，打开"拆分单元格"对话框，输入要拆分的列数和行数，单击"确定"按钮完成拆分。

5．拆分表格

运用"拆分表格"命令可以把一个表格分成两个或多个表格，拆分方法如下：

（1）将光标定位到需要拆分的行或列中，即把光标置于拆分后形成的新表格的第一行或第一列。

（2）在"表格工具"上下文选项卡中，单击"拆分表格"按钮，单击"按行拆分"或"按列拆分"命令，原表格即拆分成两个新表格。

2.2.2　设置表格属性

表格属性主要用于调整表格的对齐方式、行高、列宽以及文本在表格中的对齐方式等。大部分表格属性都可以在"表格工具"上下文选项卡中进行设置。

1．设置行高、列宽

（1）用鼠标拖动设置。如果没有指定行高，表格中各行的高度将取决于该行中单元格的内容以及段落文本前后的间距。如果只需要粗略调整行高列宽，则可以通过拖动边框线或表格右下角的"表格大小控制点"来调整表格的高度和宽度。

（2）用功能区设置。如需要精确设置表格的行高和列宽，则可以在"表格工具"上下文选项卡中的"高度"和"宽度"按钮进行设置。在"表格属性"对话框中也可以设置行高和列宽。单击"表格属性"按钮，在打开的"表格属性"对话框中设置，如图 2-5 所示。

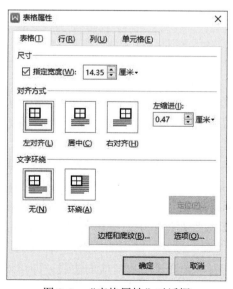

图 2-5　"表格属性"对话框

"表格属性"对话框中有 4 个选项卡。在"表格"选项卡中,"尺寸"选项用于设定整个表格的宽度。当选中"指定宽度"复选框时,可以输入表格的宽度值。"对齐方式"用于确定表格在页面中的位置。"文字环绕"选项用于设置表格和正文的位置关系。

"行""列"和"单元格"三个选项卡分别用于设置行高、列宽和单元格的宽度以及文本在单元格内的对齐方式等。

如果要使某些行、列具有相同的行高或列宽,可首先选定这些行或列,然后在"表格工具"上下文选项卡中,单击"自动调整"下拉列表中的"平均分布各行"或"平均分布各列"命令,则平均分布所选行、列之间的高度和宽度。

注意:

(1)有时候会出现从页面顶格创建表格后,导致无法输入标题文字的情况,此时将光标置于第一个单元格内的第一个字符前再按回车键,则会在表格前插入一空行,再输入标题文字即可。

(2)如果要实现跨页的大型表格的表头重复出现在每一页的第一行,操作方法是:在"表格工具"上下文选项卡中,单击"标题行重复"按钮。

2.设置对齐方式

(1)表格对齐方式。表格对齐方式的设置与段落对齐方式设置类似:选定整个表格后,在"开始"选项卡中,单击"段落"组中的段落对齐方式按钮即可进行设置。除此之外,还可以通过"表格属性"对话框进行设置,具体操作方法如下:

1)选中表格。

2)在"表格工具"上下文选项卡中,单击"表格属性"按钮,打开"表格属性"对话框。

3)在该对话框的"表格"选项卡中进行设置。

(2)单元格对齐方式。与表格对齐方式不同的是,表格对齐方式只涉及水平方式的对齐方式处理,而单元格内对象对齐方式则涉及水平和垂直两个方向。常用设置方法为:选定需要设置的单元格后,在"表格工具"上下文选项卡中,单击对齐方式按钮。

2.2.3　表格的格式化

表格制作及格式设置

表格的格式化操作即美化表格,包括表格边框和底纹样式等设置。

1.设置边框和底纹

边框和底纹不但可以应用于文字,还可以应用于表格。表格或单元格中边框与底纹的设置方法与在文本中的设置方法类似:在"开始"选项卡中,单击底纹按钮 和边框按钮 进行设置,也可以通过以下方法分别设置。

(1)设置边框。选中需要设置边框的单元格或表格,在"表格样式"上下文选项卡中,单击"边框"右侧的下拉按钮,在弹出的下拉列表中选择相应的命令,即可直接进行简单的增减框线的操作,如图 2-6 所示。单击"边框"按钮或下拉列表中的"边框和底纹"命令,打开的如图 2-7 所示的"边框和底纹"对话框中,进行较复杂的设置。

在设置过程中,首先应选择"设置"区域的一个选项,然后依次选择线条的"线型""颜色"和"宽度",再在"预览"区选择该效果对应的边线,即可设置较复杂的边框线。需要注意的是,"设置"区域的不同选项代表不同的设置效果,各选项对应的显示效果如表 2-2 所示。

图 2-6　"边框"下拉列表

图 2-7　"边框和底纹"对话框

表 2-2　"设置"区域不同选项及设置效果

选项	设置效果
无	被选中的单元格或整个表格不显示边框
方框	只显示被选中的单元格或整个表格的四周边框
全部	被选中的单元格或整个表格显示所有边框
网格	被选中的单元格或整个表格四周为选定的边框线型，内部为细边框
自定义	被选中的单元格或整个表格由用户根据实际需要自行设置边框的显示状态，而不仅仅局限于上述 4 种显示状态

（2）设置底纹。设置底纹的方法与设置边框的方法类似，选中需要设置底纹的单元格或表格，在"表格样式"上下文选项卡中，单击"底纹"右侧的下拉按钮，选择需要的底纹颜色。同样，如果需要进行更复杂的底纹设置，则在"边框和底纹"对话框的"底纹"选项卡中设置，例如选择底部的图案以及图案的颜色等。

注意：

边框的设置还可以在"表格样式"上下文选项卡的相关按钮进行：根据需要分别从"线型" ▾ 、"线型粗细" 0.5 磅▾ 和"边框颜色" ▯▾ 三个下拉列表中进行选择，鼠标指针变成铅笔形状 ⟋ ，按住鼠标左键在原有边框上拖拽，松开鼠标左键，即可在原有边框上绘制新的边框。

2. 表格样式

样式是字体、颜色、边框和底纹等格式设置的组合。WPS 文字预设了表格样式，应用表格样式的方法如下：

（1）选择表格或将光标置于表格内。

（2）在"表格样式"上下文选项卡中，单击主题样式右侧的下拉按钮 ▾ ，在弹出的下拉列表中选择所需表格样式，如图 2-8 所示。

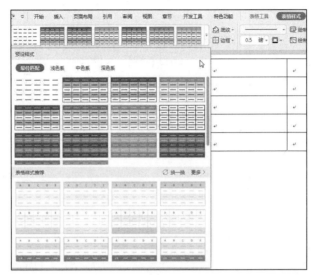

图 2-8 "表格样式"下拉列表

3. 绘制斜线表头

斜线表头是表格的一项常用设置。WPS 内置了此功能。操作方法如下：

单击要绘制斜线表头的单元格，单击"表格样式"上下文选项卡中的"绘制斜线表头"按钮，弹出如图 2-9 所示的"斜线单元格类型"对话框。选定一种类型，单击"确定"按钮。

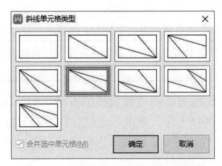

图 2-9 "斜线单元格类型"对话框

2.3 表格中数据的计算与图表的生成

在 WPS 文字中编辑表格时，经常会遇到在表格中有许多数据，如成绩、工资等，在表格中可以使用表达式进行计算，还可以利用已算好的表格数据生成可视图表。

2.3.1 表格中数据的计算与排序

1. 表格内数据的计算

在 WPS 文字中不仅可以快速地进行表格的创建和设置，还可以对表格中的对象进行计算和排序等操作。

例 2-1　打开文件"销售统计表.docx"，在表 2-3 所示的销售统计表中，计算每个单位的总销售额，并将计算结果填入"合计"列，操作完成后以原文件名保存。

表 2-3　2020 年公司销售统计表

序号	单位名称	服装/元	鞋帽/元	电器/元	化妆品/元	合计/元
1	东方广场	75000	144000	786000	293980	
2	人民商场	81500	285200	668000	349500	
3	幸福大厦	68000	102000	563000	165770	
4	平价超市	51500	128600	963000	241100	

操作步骤如下：

（1）将插入点定位到"合计"列的第一个单元格。

（2）在"表格工具"上下文选项卡中，单击"公式"按钮，打开如图 2-10 所示的"公式"对话框，此时，在"公式"文本框中自动出现计算公式"=SUM(LEFT)"。

图 2-10　"公式"对话框

（3）单击"确定"按钮，则在当前单元格中插入计算结果。

（4）将第一个合计值复制到其他 3 个空白单元格，再次选择这 3 个单元格，按快捷键 F9 更新域，系统可自动计算其他行的合计值，计算结果呈现灰色底纹，效果如图 2-11 所示。

（5）单击快速访问工具栏的"保存"按钮。

序号	单位名称	服装/元	鞋帽/元	电器/元	化妆品/元	合计/元
1	东方广场	75000	144000	786000	293980	1298980
2	人民商场	81500	285200	668000	349500	1384200
3	幸福大厦	68000	102000	563000	165770	898770
4	平价超市	51500	128600	963000	241100	1384200

图 2-11　完成合计值计算后的效果

表格内数据的计算过程如上所述，但在实际应用过程中，计算的方法和范围可能发生变化，此时用户应根据实际情况修改函数名和函数参数。函数名的修改可以在"公式"对话框中的"公式"文本框中自行输入，也可以在"粘贴函数"下拉列表中进行选择。但需要注意的是，函数名称前的"＝"（等于号）不能省略。另外，当单元格的数据发生改变时，计算结果不能自动更新，必须选定结果，然后按功能键 F9 更新域，才能更新计算结果。如果有必要，还可以在"数字格式"下拉列表中设置计算结果的显示格式，如设置小数位数等。

在表格数据的计算过程中，用户应该熟悉比较常用的函数和函数参数，还应该对单元格地址的表示有所了解。

（1）常用函数。SUM()：求和函数；AVERAGE()：求平均值函数；MAX()：求最大值函数；MIN()：求最小值函数；COUNT()：计数函数。

（2）常用函数参数（表格范围）。ABOVE（上面所有数字单元格）、LEFT（左边所有数字单元格）、RIGHT（右边所有数字单元格）、BELOW（下面所有数字单元格）。

（3）单元格地址的表示。字母代表列序号，数值代表行序号。A1 表示第 1 行第 1 列的单元格；A1:C5 是指 A1 到 C5 的连续单元格区域。需要注意的是，如果以这种单元格地址表示形式作为函数参数，则不能采用更新域的方法更新计算结果。

2．排序

为了方便用户根据自己的需求查看表格内容，WPS 文字提供了表格数据的排序功能。排序是指以关键字为依据，将原本无序的记录序列调整为有序的记录序列的过程。

例 2-2   在例 2-1 的基础上，将销售额按"合计"值从高到低排序，当"合计值"相同时，则按"服装"销售额降序排序，操作完成后以原文件名保存。

操作步骤如下：

（1）将光标置于表格任意单元格中。

（2）在"表格工具"上下文选项卡中，单击"排序"按钮，打开"排序"对话框。

（3）根据需要选择关键字、排序类型和排序方式。依次选择"主要关键字"为"合计"，排序类型为"数字"，排序方式为"降序"。

（4）选择次要关键字、排序类型和排序方式分别为"服装""数字""降序"。如图 2-12所示。

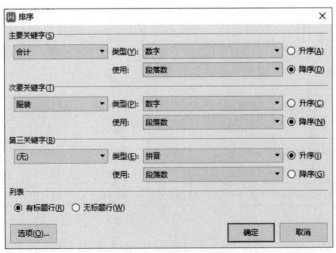

图 2-12   "排序"对话框

（5）单击"确定"按钮完成排序。单击快速访问工具栏的"保存"按钮。

2.3.2　图表的生成

在日常工作中图表具有不可忽视的作用。它有利于表达各种数据之间的关系，能使复杂和抽象的问题变得直观、清晰。WPS 文字提供了多种类型的图表，如柱形图、饼图、折线图等。

例 2-3　打开文件"销售统计表.docx"，为"单位名称"列到"化妆品"列（共 25 个单元格）的内容建立簇状柱形图，操作完成后以原文件名保存。

操作步骤如下：

（1）单击要插入图表的位置。

（2）单击"插入"选项卡，单击"图表"按钮，打开"插入图表"对话框。

（3）在该对话框左侧的图表类型列表中选择"柱形图"，在右侧图表子类型列表框中选择"簇状柱形图"，如图 2-13 所示，单击"插入"按钮。此时，在文档中插入图表，"图表工具"选项卡随即打开。

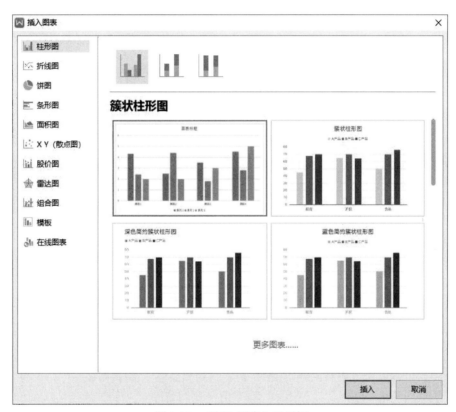

图 2-13　"插入图表"对话框

（4）单击"编辑数据"按钮，自动进入 WPS 表格应用程序。复制销售统计表中的"单位名称"至"化妆品"列的内容，从表格窗口的 A1 单元格开始粘贴，此时，WPS 文字窗口中将同步显示图表结果，如图 2-14 所示。

（5）关闭 WPS 表格窗口，在 WPS 文字窗口中生成销售统计数据的图表，如图 2-15 所示。

（6）单击快速访问工具栏的"保存"按钮。

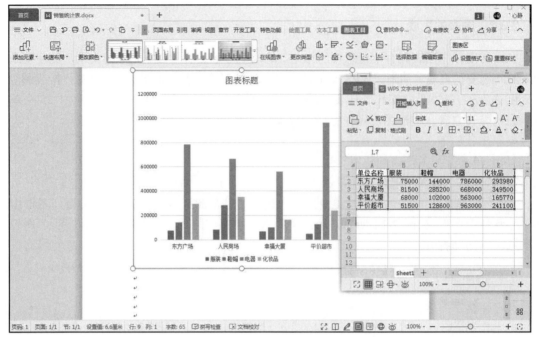

图 2-14　编辑图表数据

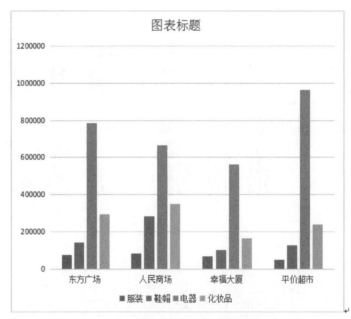

图 2-15　创建完成的 WPS 文字图表

2.4　图形功能

　　WPS 文字强大的编辑和排版功能，除了体现在对文本、表格对象的处理上，还体现在图形上。合适的图形插入能使文档更美观，条理更清晰。

2.4.1　图形的插入

1．插入形状

在"插入"选项卡中，单击"形状"按钮，打开形状列表，选择列表中的形状，可以绘制线条、矩形、基本形状等。

2．插入图片

这里的图片可以来自本地图片、扫描仪、手机、图片库或网络等。插入的方法与上述形状对象的插入类似，先将光标定位到插入点，单击"图片"下拉按钮，选择目标图片文件，然后单击即可完成图片库图片的插入。

3．插入艺术字

艺术字是经过加工的汉字变形字体，是一种字体艺术的创新，具有装饰性。

在 WPS 文字中，艺术字的插入也十分简单，先将光标定位到插入点，在"插入"选项卡中，单击"艺术字"按钮，弹出艺术字样式列表，单击所需样式，如"极简"中的"改革开放"样式，在文本编辑区直接在文本框中输入所需文字，如

输入"WPS 文字"字样，效果如图 2-16 所示。

2.4.2　图形的格式设置

图 2-16　插入的艺术字效果

1．缩放图形

在文档中插入图形后，常常需要调整大小。操作方法是：单击图形，四周将出现 8 个控制手柄，移动鼠标指针到控制手柄位置，鼠标指针变成双向箭头形状，此时，按住鼠标左键拖拽到合适位置，则可调整图形大小。如果需要保持其长宽比，则拖拽图形四角的控制手柄。

除利用鼠标调整图形大小外，还可以通过对话框进行设置：选中图形，单击"图片工具"上下文选项卡，直接输入高度和宽度值，或单击"大小和位置"右下角的"对话框启动器"按钮，打开如图 2-17 所示的对话框，在"大小"选项卡中进行设置。

图 2-17　"布局"对话框

　　通常，在缩放图形时不希望因改变长宽比例而造成图像失真，则应选中"锁定纵横比"复选框。

　　2. 裁剪图形

　　WPS 文字还提供图片的裁剪功能，包括对图片的裁剪，但不能裁剪形状、艺术字等图形。图片裁剪方法如下：

　　（1）选择需要裁剪的图片。

　　（2）在"图片工具"上下文选项卡中，单击"裁剪"按钮，单击"矩形"下的矩形形状，拖动图片右下角的控制手柄，鼠标指针拖拽的部分则被裁剪掉，图 2-18 中图片将被裁掉下面部分和右侧部分。

　　（3）如果需要裁剪出固定的形状，则单击"裁剪"按钮下方的下拉按钮，单击"按形状裁剪"下的"基本形状"中的"椭圆"，裁剪后效果如图 2-19 所示。

图 2-18　拖拽裁剪图片　　　　　　　　图 2-19　裁剪成一定形状

　　注意：裁剪图片实质上只是将图片的一部分隐藏起来，而并未真正裁去。可以使用"裁剪"按钮工具反向拖动进行恢复。

　　3. 修饰图形

　　对于插入的形状，可以通过颜色、纹理和图案填充等设置对其进行修饰美化。修饰图形方法如下：

　　（1）选择图形，打开"绘图工具"上下文选项卡，如图 2-20 所示。

图 2-20　"绘图工具"上下文选项卡

　　（2）单击形状样式右侧的"其他"按钮，在打开的形状样式列表中单击合适的样式。

　　（3）还可以通过单击右下角的"设置形状格式"对话框启动器按钮，在打开如图 2-21 所示的任务窗格进行更复杂的设置。

　　在该窗格中，单击"填充"下拉按钮，如图 2-22 所示，单击"渐变填充"下的"红色-栗色渐变"，即可进行渐变填充。

　　4. 去除图片背景

　　WPS 提供了智能抠除背景和设置透明色两种去除图片背景的功能。操作方法如下：选定图片，在"图片工具"上下文选项卡，单击"抠除背景"下拉列表中的"设置透明色"命令，再单击图片上要去除背景的地方。

图 2-21　"属性"任务窗格

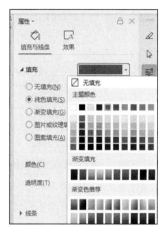

图 2-22　"填充"下拉列表

对于主体和背景色接近的图片，则用"智能抠除背景"去除背景。在"图片工具"上下文选项卡，单击"抠除背景"下拉列表中的"智能抠除背景"命令。单击"抠除背景"对话框中的"基础抠除"，单击图片要抠除的部分；若单击"智能抠除"，则用"保留"和"抠除"选项实现对图片背景的去除。

2.4.3　设置图形与文字混合排版

1.　设置图形与文字环绕方式

文字环绕方式是图形和周边文本之间的位置关系描述，常用的有嵌入型、紧密型、四周型、穿越型、衬于文字下方等。设置图形环绕方式的操作过程如下：

（1）选中要进行设置的图形，打开"图片工具"上下文选项卡。

（2）单击"环绕"按钮，在展开的下拉列表中选择所需环绕方式，如图 2-23 所示。

如果需要进行更复杂的设置，则右击图片，单击"其他布局选项"命令，打开如图 2-24 所示的对话框，在该对话框的"文字环绕"选项卡中进行设置。可以根据需要设置环绕方式、环绕文字方式以及距离正文文字的距离。

图 2-23　"环绕"下拉列表

图 2-24　设置文字环绕布局

　　选择不同的环绕方式会产生不同的图文混排效果,表 2-4 描述了不同环绕方式在文档中的布局效果。

表 2-4　各环绕方式产生的布局效果

环绕设置	在文档中的效果
嵌入型	图形插入到文字层。可以拖动图形,但只能从一个段落标记移动到另一个段落标记中
四周型环绕	文字环绕在图形周围,文字和图形之间有一个方形间隙
紧密型环绕	文字显示在图形轮廓周围,文字可覆盖图形主体轮廓外的四周
衬于文字下方	嵌入在文档底部或下方的绘制层,文字位于图形上方
浮于文字上方	嵌入在文档上方的绘制层,文字位于图形下方
穿越型环绕	文字可以穿越不规则图片的空白区域环绕图片,这种环绕样式产生的效果与紧密型环绕相同
上下型环绕	文字只位于图形之前或之后,不在图形左右两侧

2. 设置图形在页面上的位置

设置图形在页面上的位置是指插入的图形在当前页的布局情况,其操作方法如下:

(1)选中要设置的图形,打开"图片工具"上下文选项卡。

(2)单击"大小和位置"对话框启动器按钮,在打开的"布局"对话框中,单击"位置"选项卡,根据需要设置"水平"和"垂直"位置以及相关选项。

2.5　应用案例:图文混排

2.5.1　案例描述

按下列要求完成图文混排的操作。

(1)新建一个 WPS 文字文档,输入下列内容:

插入形状:在"插入"选项卡中单击"形状"按钮,打开"形状"下拉列表,选择列表中的形状,可以绘制线条、矩形、基本形状等。

插入图片:这里的图片可以来自本地图片、扫描仪、手机、图片库或网络等。插入的方法与上述形状对象的插入类似,先将光标定位到插入点,单击"图片"下拉按钮,选择目标图片文件,然后单击即可完成图片库图片的插入。

插入艺术字:艺术字是经过加工的汉字变形字体,是一种字体艺术的创新,具有装饰性。

(2)插入一个"笑脸"图形,设置"环绕"为"四周型环绕",放置于文档第 1 段右侧。

(3)插入"中国加油!"样式的艺术字"图文混排",设置"环绕"为"嵌入型",放置于文档最前面。

(4)在文档最后插入一个"横向"文本框,文本框内容是"插入文本框"。

(5)插入任意一幅图片,设置"环绕"为"四周型环绕",设置图片"宽度"为"3 厘米","高度"为"4 厘米",放置于第 2 段文字中间。

(6)用文件名"图文混排.docx"保存。

2.5.2　案例操作说明

（1）新建一个 WPS 文字文档，输入上述指定内容。

（2）插入形状。

1）在"插入"选项卡中，单击"形状"下拉按钮，打开"形状"下拉列表，如图 2-25 所示，单击列表中的"基本形状"→"笑脸"，在文档中单击，或拖动鼠标至合适位置，松开鼠标左键，即完成图形的绘制。

2）选定图形，单击"绘图工具"上下文选项卡，单击"环绕"下拉按钮，单击下拉列表中"四周型环绕"命令，如图 2-26 所示。

图 2-25　"形状"下拉列表

图 2-26　"环绕"下拉列表

3）按住鼠标左键拖动图形到第一段文字右侧。

（3）插入艺术字。

1）在"插入"选项卡中，单击"艺术字"下拉按钮，单击"免费"选项卡，鼠标移动到"中国加油！"，旁边显示"预览"效果，如图 2-27 所示，单击"下载"按钮。删除"中国加油！"文字，输入"图文混排"，如图 2-28 所示。

图 2-27　"艺术字"下拉列表

图 2-28　艺术字效果

2）选定图形，单击"绘图工具"上下文选项卡，单击"环绕"下拉按钮，单击下拉列表中的"嵌入型"。

3）按住鼠标左键拖动图形到文章最前面。

（4）插入文本框。

定位插入点在文档最后。在"插入"选项卡中，单击"文本框"下拉按钮，单击列表中的"横向"命令，在文档最后单击，在文本框中输入"插入文本框"。

（5）插入图片。

1）在"插入"选项卡中，单击"图片"按钮，WPS 文字自动打开插入图片的对话框。

2）单击任意一个图片，单击"打开"按钮，可将该图片插入到文档中。

3）选定图形，单击"图片工具"上下文选项卡，单击"环绕"下拉按钮，单击下拉列表中的"四周型环绕"命令。

4）选定图形，单击"图片工具"上下文选项卡，单击"大小和位置"组中右下角的对话框启动器按钮，在打开的"布局"对话框中进行设置。

5）在"大小"选项卡下，取消选中"锁定纵横比"，在"宽度"和"高度"后分别输入 3 厘米和 4 厘米。单击"确定"按钮。

6）按住鼠标左键拖动图形到第 2 段文字中间。

（6）单击"文件"→"保存"命令，用文件名"图文混排"保存到 D:盘。

习题 2

一、选择题

1．在 WPS 文字中为所选单元格设置斜线表头，最优的操作方法是（   ）。

    A．插入线条形状   B．自定义边框

    C．绘制斜线表头   D．拆分单元格

2．小明同学正在用 WPS 文字编排自己的毕业论文，他希望将所有应用了"标题 3"样式的段落修改为"1.25 倍"行距、段后间距"18 磅"，最优的操作方法是（   ）。

    A．修改其中一个段落的行距和间距，然后通过格式刷复制到其他段落

    B．直接修改"标题 3"样式的行距和间距

    C．逐个修改每个段落的行距和间距

    D．选中所有"标题 3"段落，然后统一修改其行距和间距

3．在一篇 WPS 文字文档中插入了若干表格，如果希望将所有表格中文本的字体及段落设置为统一格式，最优的操作方法是（   ）。

    A．定义一个表样式，并将该样式应用到所有表格

    B．选中所有表格，统一设置其字体及段落格式

    C．设置第一个表格文本的字体及段落格式，然后通过格式刷将格式应用到其他表格中

    D．逐个设置表格文本的字体和段落格式，并使其保持一致

4．小文正在 WPS 文字中编辑一份通知，她希望位于文档中间的表格在独立的页面中横排，其他内容则保持纸张方向为纵向，最优的操作方法是（   ）。

    A．在表格的前后分别插入分页符，然后设置表格所在的页面纸张方向为横向

    B．在表格的前后分别插入分节符，然后设置表格所在的页面纸张方向为横向

C．首先选定表格，然后为所选文字设置纸张方向为横向

D．在表格的前后分别插入分栏符，然后设置表格所在的页面纸张方向为横向

5．某 WPS 文字文档中有一个 5 行×4 列的表格，如果要将另外一个文本文件中的 5 行文字复制到该表格中，并且使其正好成为该表格一列的内容，最优的操作方法是（   ）。

    A．在文本文件中选中这 5 行文字，复制到剪贴板；然后回到 WPS 文字文档中，将光标置于指定列的第一个单元格，将剪贴板内容粘贴过来

    B．将文本文件中的 5 行文字，一行一行地复制、粘贴到 WPS 文字文档表格对应列的 5 个单元格中

    C．在文本文件中选中这 5 行文字，复制到剪贴板，然后回到 WPS 文字文档中，选中对应列的 5 个单元格，将剪贴板内容粘贴过来

    D．在文本文件中选中这 5 行文字，复制到剪贴板，然后回到 WPS 文字文档中，选中该表格，将剪贴板内容粘贴过来

6．在 WPS 文字中，不能作为文本转换为表格的分隔符的是（   ）。

    A．段落标记　　　　B．制表符　　　　　C．@　　　　　　　　D．##

二、操作题

1．打开素材文件夹下的素材文档 WPS.docx（.docx 为文件扩展名）。要求如下：

（1）设置文档属性，摘要的标题为"工学硕士学位论文"，作者为"张三"。

（2）设置文档页面：上、下页边距均为 2.5 厘米，左、右页边距均为 3 厘米；页眉、页脚距边界均为 2 厘米；设置"只指定行网格"，且每页 33 行。

（3）对文中使用的样式进行如下调整：

1）设置"正文"样式的中文字体为"宋体"，西文字体为 Times New Roman。

2）设置"标题 1"（章标题）、"标题 2"（节标题）和"标题 3"（条标题）样式的中文字体为"黑体"，西文字体为 Times New Roman。

3）设置每章的标题为自动另起一页，即始终位于下页首行。

（4）请按下列要求对已经预先应用了多级编号的"章、节、条"三级标题做进一步处理：

1）按表 2-5 要求修改编号格式，编号末尾不加点号"."，编号数字样式均设置为半角阿拉伯数字（1, 2, 3,...）。

2）各级编号后以空格代替制表符与标题文本隔开。

3）节标题在章标题之后重新编号，条标题在节标题之后重新编号，例如：第 2 章的第 1 节，应编号为 2.1，而非 2.2 等。如表 2-5 所示。

表 2-5　标题编号格式

标题级别	编号格式	编号数字样式	标题编号示例
1（章标题）	第①章		第 1 章、第 2 章、…、第 n 章
1（节标题）	①.②	1,2,3...	1.1、1.2、…、n.1、n.2
3（条标题）	①.②.③		1.1.1、1.1.2、…、n.1.1、n.1.2

（5）对参考文献列表应用自定义的自动编号以代替原先的手动编号，编号用半角阿拉伯数字置于一对半角方括号"[]"中（如[1]、[2]...），编号位置设为：顶格左对齐（对齐位置为0厘米）。然后，将论文第1章正文中的所有引注与对应的参考文献列表编号建立交叉引用关系，以代替原先的手动标示（保持字样不变），并将正文的引注设为上角标。

（6）按下列要求使用题注功能，对第4章中的3张图片分别应用按章连续自动编号，以代替原先的手动编号：

1）图片编号应形如"图4-1"等，其中连字符前面的数字代表章号，"-"后面的数字代表图片在本章中出现的次序。

2）图片题注中，标签"图"与编号"4-1"之间要求无空格（该空格需生成题注后再手动删除），编号之后以一个半角空格与图片名称字符隔开。

3）修改"图片"样式的段落格式，使正文中的图片始终自动与其题注所在段落位于同一页面中。

4）在正文中通过交叉引用为图片设置自动引用其图片编号，替代原先的手动编号（保持字样不变）。

（7）参照表2-6样式美化论文第2章中的"表2-2"：

1）根据内容调整表格列宽，并使表格适应窗口大小，即表格左右恰好充满版心。

2）按图示样式合并表格第一列中的相关单元格。

3）按图示样式设置表格边框。上、下边框线为1.5磅，粗黑线；内部横框线为0.5磅，细黑线。

4）设置表格标题行（第1行）在表格跨页的时候能够自动在下页顶端重复出现。

表2-6　CBC-PA复合材料的材料参数

材料 CBC-PA	体积密度/g/cm³	孔隙度/%	CBC 体积分数/%	PA 体积分数/%
CBC-PA 1	0.247	81.9	7.40	10.70
	0.288	79.4	10.20	10.40
CBC-PA 3	0.312	78.0	12.00	10.00
	0.314	77.8	12.00	10.20
CBC-PA 5	0.319	77.4	12.00	10.60
	0.346	75.9	14.20	9.90

（8）为论文添加目录，具体要求如下：

1）在论文封面页之后、正文之前自动生成目录，包含1~3级标题。

2）使用格式刷将"参考文献"标题段落的字体和段落格式完整应用到"目录"标题段落，并设置"目录"标题段落的大纲级别为"正文文本"。

3）将目录中的1级标题段落设置为黑体、小四号字，2级和3级标题段落设置为：宋体、小四号字，英文字体全部设置为 Times New Roman，并且要求这些格式在更新目录时保持不变。

（9）将论文分为封面页、目录页、正文章节、参考文献页共4个独立的节，每节都从新的一页开始（必要时删除空白页使文档不超过8页），并按要求对各节的页眉页脚分别独立编排：

1）封面页不设页眉横线，文档的其余部分应用任意"上粗下细双横线"样式的预设页眉横线。

2）封面页不设页眉文字，目录页和参考文献页的页眉处添加"工学硕士学位论文"字样，正文章节页的页眉处设置"自动"获取对应章标题（含章编号和标题文本，并以半角空格间隔。例如：正文第 1 章的页眉字样应为"第 1 章　绪论"），且页眉字样居中对齐。

3）封面页不设页码，目录页应用大写罗马数字页码（I, II, III...），正文章节页和参考文献页统一应用半角阿拉伯数字页码（1,2,3...）且从数字 1 开始连续编码。页码数字在页脚处居中对齐。

（10）论文第 3 章的公式段落已预先应用了样式"公式"，请修改该样式的制表位格式，实现将正文公式内容在 20 字符位置处居中对齐，公式编号在 40.5 字符位置处右对齐。

（11）为使论文打印时不跑版，请先保存 WPS.docx 文字文档，然后使用"输出为 PDF"功能，在源文件目录下，将其输出为带权限设置的 PDF 格式文件，权限设置为"禁止更改"和"禁止复制"，权限密码设置为三位数字"123"（无须设置文件打开密码），其他选项保持默认即可。

2. 某高校为了使学生更好地进行职场定位和职业准备，提高就业能力，学工处将于 2021 年 4 月 30 日（星期五）19：30－21：30 在校国际会议中心举办题为"领慧讲堂——大学生人生规划"就业讲座，特别邀请资深媒体人、著名艺术评论家赵覃先生担任演讲嘉宾。

请根据上述活动的描述，利用 WPS Office 参考"海报参考样式.docx"文件制作一份宣传海报。

打开素材文件夹下的"WPS 文字.docx"文档，按照如下要求完成工作。

（1）页面设置与背景：要求页面高度 35 厘米，页面宽度 27 厘米，上、下页边距为 5 厘米，左、右页边距为 3 厘米，并将素材文件夹下的图片"海报背景图片.jpg"设置为海报背景。

（2）根据"海报参考样式.docx"文件，调整海报内容文字的字号、字体和颜色。

（3）调整海报内容中"报告题目""报告人""报告日期""报告时间""报告地点"信息的段落间距。

（4）在"报告人："位置后面输入报告人姓名（赵覃）。

（5）在"主办：校学工处"位置后另起一页，并设置第 2 页的页面纸张大小为 A4，纸张方向设置为"横向"，页边距为"普通"页边距。

（6）在新页面的"日程安排"段落下面，复制本次活动的日程安排表（请参考"活动日程安排.xlsx"文件），要求表格内容引用 WPS 表格文件中的内容，如若 WPS 表格文件中的内容发生变化，WPS 文字文档中的日程安排信息随之发生变化。

（7）在新页面的"报名流程"段落下面，利用智能图形作本次活动的报名流程（学工处报名、确认坐席、领取资料、领取门票）。

（8）设置"报告人介绍"段落下面的文字排版布局为参考示例文件中所示的样式。

（9）插入素材文件夹下的 Pic2.jpg 照片，调整图片在文档中的大小，并放于适当位置，不要遮挡文档中的文字内容。调整所插入图片的颜色和图片样式，与"海报参考样式.docx"文件中的示例一致。

第 3 章　长文档操作与邮件合并

前面介绍了 WPS 文字中的字符、表格、图形等文档对象的常规编辑和排版操作，但在编辑像毕业论文这样的长文档时，上述常规操作已很难满足编排的要求。如果不掌握一定的长文档编排技巧，不仅会导致编排效率低下，甚至无法达到文档所要求的质量。本章介绍长文档的编辑和排版方法，从而提高编辑和管理文档的工作效率。

学习目标：

- 掌握样式和级别的概念以及应用文档样式设置方法。
- 理解域的使用方法。
- 掌握插入脚注、尾注和题注的方法以及文档内容的引用操作。
- 掌握文档的分页和分节操作以及文档页眉、页脚的设置。
- 掌握创建目录与索引的方法。
- 掌握文档审阅和修订方法。

3.1　设置样式

样式是被命名并保存的一系列格式的集合，是 WPS 文字中最强有力的格式设置工具之一。使用样式能够准确、快速实现长文档的格式设置，减少了长文档编排过程中大量重复的格式设置操作。

样式有内置样式和自定义样式两种。内置样式是指 WPS 文字软件自带的标准样式，自定义样式是指用户根据文档需要而设定的样式。

3.1.1　应用内置样式

WPS 文字软件提供了丰富的样式类型。单击"开始"选项卡，在"样式和格式"组的快速样式库中显示了多种内置样式，其中"正文""标题 1""标题 2""标题 3"等都是内置样式名称。应用内置样式方法简单，只要把光标置于要应用样式的文字中，单击样式即可。单击各种样式时，光标所在段落或选中的对象就会自动呈现出当前样式应用后的视觉效果，单击样式右边的下拉按钮会弹出样式列表。

若样式列表中没有显示所需要的样式，则单击"样式和格式"组右下角的"对话框启动器"按钮，打开如图 3-1 所示的"样式"任务窗格。在当前任务窗格中，单击下方的"显示"下拉按钮，在弹出的下拉列表中选择"所有样式"，则显示出所有的内置样式，如图 3-2 所示。

图 3-1 部分内置样式   图 3-2 所有内置样式

将鼠标指针停留在列表框中的样式名称上时，会显示该样式包含的格式信息。下面举例说明应用内置样式进行文档段落格式的设置。

3.1.2 修改样式

内置样式和用户新建的样式都能进行修改。可以先修改样式再应用，也可以在样式应用之后再修改。下面以"标题 1"样式为例进行修改。

将内置"标题 1"样式的章标题段落修改为：居中，段前和段后间距均为 10 磅，行距 36 磅。将正文所有段落首行缩进 2 个字符。

操作步骤如下：

（1）单击"开始"选项卡。

（2）右击"标题 1"样式，在弹出的快捷菜单中选择"修改样式"命令，打开 "修改样式"对话框，如图 3-3 所示。

图 3-3 "修改样式"对话框

（3）在"修改样式"对话框中，可在"格式"选项区进行字体和段落格式修改。同时在预览区域中显示了当前样式的字体和段落格式。单击"格式"按钮，在弹出的选项中选择"段落"命令，在打开的"段落"对话框中进行如图 3-4 所示的设置，单击"确定"按钮，回到"修改样式"对话框。

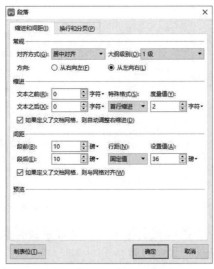

图 3-4　"段落"对话框

（4）单击"确定"按钮，"标题 1"样式已经成了修改后的样式。

3.1.3　新建样式

在应用内置样式的基础上进行修改就可实现所需样式的设置，但也可以根据需要自定义新样式。新建样式操作过程如下。

（1）在"开始"选项卡中，单击"新样式"下拉列表中的"新样式"命令，打开如图 3-5 所示的"新建样式"对话框。

图 3-5　"新建样式"对话框

（2）在"名称"框中键入新建样式的名称，在"样式类型"下拉列表中选择"段落""字符"等样式类型中的一种。如果要使新建样式基于已有样式，可在"样式基于"下拉列表中选择原有的样式名称。"后续段落样式"则用来设置在当前样式段落键入回车键后，下一段落的样式，其他设置与修改样式方法相同。

（3）设置完成后，单击"确定"按钮。新建的样式名称将出现在"样式和格式"任务窗格中。在"开始"选项卡的"样式和格式"组中也将出现新建的样式名称。

新建的样式其应用方法与内置样式应用方法相同。

3.2　项目符号和编号

在长文档的编辑排版过程中，除样式外，WPS 文字还提供了诸多简便高效的排版功能。为了让文档的内容层次分明、结构明了、条理清晰以及便于用户阅读和记忆，可以在文档中使用项目符号和编号。项目符号多由图形组成，也可以使用图片。编号则多以数字或字母组成，但也可以根据文档内容结构要求使用大写汉字，并且设置编号顺序。

3.2.1　项目符号

项目符号是位于文本或段落首字符前面的符号，主要以点、图形、图标、图片为主。在文档中，用户可以在输入文本时自动创建项目符号列表，也可以给现有文本添加项目符号。

1.　使用项目符号

操作步骤如下：

（1）选中需要添加项目符号的文本，或者把光标定位在需要添加项目符号的文档位置。

（2）单击"开始"选项卡中的"项目符号"下拉按钮。

（3）打开"预设项目符号"下拉列表，如图 3-6 所示，选择需要的项目符号样式，单击即可将该样式的项目符号应用于文档中。

图 3-6　"项目符号"下拉列表

2．自定义项目符号

如果"预设项目符号"中的样式无法满足当前文档需要，用户可以通过自定义项目符号设置。自定义项目符号设置的操作步骤如下：

（1）单击图 3-6 中的"自定义项目符号"命令，即可打开"项目符号和编号"对话框。

（2）在"项目符号和编号"对话框中，选定一种项目符号或编号，单击"自定义"按钮，可以选择新的符号作为项目符号，也可以对项目符号的字体及其他格式进行修改，如图 3-7 所示。

图 3-7　自定义项目符号

（3）单击"确定"按钮完成设置。

3.2.2　编号

为了增强文档整体的层次感以及逻辑性，在文档的主要知识点等内容前添加编号，在编辑长文档时，使用多级编号效果会更明显。

1．创建编号

创建编号与创建项目符号的操作步骤相似，操作步骤如下：

（1）选中需要添加编号的文本，或者把光标定位在需要添加编号的文档位置。

（2）单击"开始"选项卡中的"编号"下拉按钮 ≡·。

（3）打开"编号"下拉列表，如图 3-8 所示，选择需要的编号样式，单击即可将该样式的编号应用于文档中。

2．更改编号级别

如需更改当前文本的编号级别，选中需要更改的文本后，重复"创建编号"步骤中的（1）和（2），单击"编号"下拉列表中的"更改编号级别"命令，选择级联菜单中需要的级别并单击即可。

3．自定义编号

如需更改编号格式，则要自定义编号，操作步骤如下：

（1）单击"编号"下拉列表底部的"自定义编号"命令，弹出"项目符号和编号"对话框，如图 3-9 所示。

图 3-8　"编号"下拉列表　　　　　　　　　图 3-9　"项目符号和编号"对话框

（2）单击"编号"选项卡中的样式，单击"自定义"按钮，弹出"自定义编号列表"对话框。如图 3-10 所示。

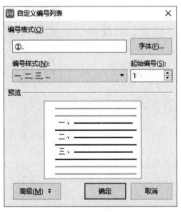

图 3-10　"自定义编号列表"对话框

（3）选择新的编号样式，修改编号格式等。完成后单击"确定"按钮。

4. 多级编号

长文档编辑或排版时，为了使文档内容结构清晰、逻辑明确，内容更具层次感和条理性，常使用多级编号。例如，通过设置多级编号可为标题自动编号，并在后期修改内容时系统自动重新调整序号，可以大大节省因手动调整序号而消耗的时间。设置多级编号的操作步骤如下：

（1）选中需要添加多级编号的文本段落。

（2）单击"开始"选项卡中的"编号"下拉按钮。

（3）单击"编号"下拉列表中的"多级编号"项，单击所需的多级编号样式，将该样式用于选中段落。

如需改变编号的级别，可以将光标定位在该段落前面编号位置，按 Tab 键降级或按 Shift+Tab 组合键升级。或者在该段落中右击，从如图 3-11 所示的快捷菜单中选择"增加缩进量"或"减少缩进量"。

图 3-11　利用快捷菜单更改编号级别

如需更改编号格式，单击"编号"下拉列表底部的"自定义编号"命令，打开"项目符号和编号"对话框，选择新的编号样式、修改编号格式等。设置完成后单击"确定"按钮即可。

5. 多级编号与样式关联

当多级编号与内置标题样式进行关联后，应用标题样式也可同时应用多级编号，操作步骤如下：

（1）单击"开始"选项卡中的"编号"下拉按钮。

（2）单击"自定义编号"命令，打开"项目符号和编号"对话框，单击"自定义列表"选项卡，如图 3-12 所示。

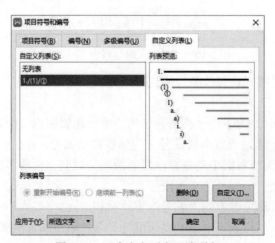

图 3-12　"自定义列表"选项卡

（3）选择"自定义列表"中的一种列表，单击"自定义"按钮，打开"自定义多级编号列表"对话框，单击"高级"按钮，打开功能设置选项区。此时，按钮显示为"常规"。如图 3-13 所示。

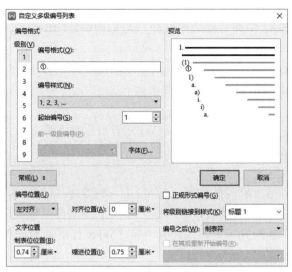

图 3-13 "自定义多级编号列表"对话框

（4）单击右侧的"将级别链接到样式"下拉列表中对应的内置标题样式，例如级别 1 链接到"标题 1"。在右下方可以修改编号的格式与样式、指定起始编号等，左侧可以设置编号的位置等。

（5）设置完毕后单击"确定"按钮。如图 3-14 所示，输入"多级编号"，应用"标题 1"样式，则会在文本前自动添加编号。

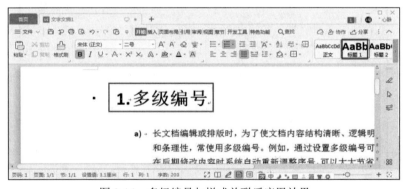

图 3-14 多级编号与样式关联后应用效果

3.3 添加注释

注释是指对有关字、词、句进行补充说明，提供有一定重要性，但写入正文将有损文本条理和逻辑的解释性信息。如脚注、尾注，添加到表格、图表、公式或其他项目上的名称和编号标签都是注释对象。

3.3.1 插入脚注和尾注

脚注和尾注在文档中主要用于对文本进行补充说明，如单词解释、备注说明或提供文档中引用内容的来源等。脚注通常位于页面的底部，尾注位于文档结尾处，用来集中解释需要注释的内容或标注文档中所引用的其他文档名称。脚注和尾注都由两部分组成：引用标记与注释内容。

脚注和尾注的插入、修改或编辑方法完全相同，区别在于它们出现的位置不同。本节以脚注为例介绍其相关操作。

1．插入脚注

为"文档.docx"文件第一页中的"1.1 WPS 首页"文本添加脚注"WPS 首页是为用户准备的工作起始页。"，操作完成后以原文件名保存。

操作步骤如下：

（1）将光标定位到插入脚注的位置，即"1.1 WPS 首页"文本右侧，在"引用"选项卡中，单击"插入脚注"按钮，此时，在"页"字右上角出现上标 1。

（2）在页面底部闪烁的光标处输入注释内容"WPS 首页是为用户准备的工作起始页。"，即完成脚注的插入。如图 3-15 所示。

（3）单击快速访问工具栏的"保存"按钮。

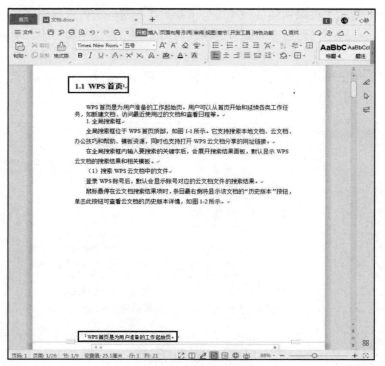

图 3-15　插入脚注

2．删除脚注

要删除单个脚注，只需选定文本右上角的脚注引用标记，按 Delete 键即可。如果需要一次性删除所有脚注，方法如下：

（1）单击"开始"选项卡中的"查找替换"下拉列表中的"替换"命令，打开"查找和替换"对话框。

（2）将光标定位在"查找内容"文本框中，单击"特殊格式"按钮，选择"脚注标记"选项，单击"全部替换"按钮，即一次性删除所有脚注。如图 3-16 所示。

图 3-16　删除所有脚注

题注与交叉引用

3.3.2　插入题注与交叉引用

题注是添加到表格、图表、公式或其他项目上的名称和编号标签，由标签及编号组成。使用题注可以使文档条理清晰，方便阅读和查找。交叉引用是在文档的某个位置引用文档另外一个位置的内容，例如引用题注。

1．插入题注

题注插入的位置因对象不同而不同，一般情况下，题注插在表格的上方、图片等对象的下方。在文档中定义并插入题注的操作步骤如下：

（1）将光标定位到插入题注的位置。

（2）单击"引用"选项卡中的"题注"按钮，打开"题注"对话框，如图 3-17 所示。

（3）根据添加的具体对象，在"标签"下拉列表中选择相应标签，如图表、表格、公式等，单击"确定"按钮返回。

如果需要在文档中使用自定义的标签，则单击"新建标签"按钮，在打开的"新建标签"对话框中输入新标签名称，例如新建标签"表格"，如图 3-18 所示，单击"确定"按钮返回"题注"对话框。

图 3-17　"题注"对话框

图 3-18　新建标签

（4）设置完成后单击"确定"按钮，即可将题注添加到相应的文档位置。

注意：在插入题注时，还可以将编号和文档的章节序号联系起来。单击"题注"对话框中的"编号"按钮，在打开的"题注编号"对话框中，单击"包含章节编号"复选框，例如，选择"章节起始样式"下拉列表中的"标题1"选项，连续单击两次"确定"按钮，完成如"表格1-"样式题注的插入。

2．交叉引用

在 WPS 文字中，可以在多个不同的位置使用同一个引用源的内容，这种方法称为交叉引用。可以为标题、脚注、书签、题注等项目创建交叉引用。交叉引用实际上就是在要插入引用内容的地方建立一个域，当引用源发生改变时，交叉引用的域将自动更新。

（1）创建交叉引用。创建交叉引用的操作步骤如下：

1）将光标定位到要创建交叉引用的位置，在"引用"选项卡中，单击"交叉引用"按钮，打开"交叉引用"对话框，如图 3-19 所示。

图 3-19   "交叉引用"对话框

2）在"引用类型"下拉列表中选择要引用的项目类型，如选择"图"，在"引用内容"下拉列表中选择要插入的信息内容，如选择"只有标签和编号"，在"引用哪一个题注"列表框中选择要引用的题注，如图 3-19 选择"图 5-19 '交叉引用'对话框"，然后单击"插入"按钮，题注编号"图 5-19"自动添加到文档中的插入点。

3）单击"取消"按钮，退出交叉引用的操作。

（2）更新题注和交叉引用。在文档中被引用项目发生变化后，如添加、删除或移动了题注，则题注编号和交叉引用也应随之发生改变。但在上述有些操作过程中，系统并不会自动更新，此时就必须采用手动更新的方法：

1）若要更新单个题注编号和交叉引用，则选定对象；若要更新文档中所有的题注编号和交叉引用，则选定整篇文档。

2）按 F9 功能键同时更新题注和交叉引用。也可以在所选对象上方右击，在弹出的快捷菜单中选择"更新域"命令，即可实现所选范围题注编号和交叉引用的更新。

3.4　页面排版

通常情况下，当文档的内容超过纸型能容纳的内容时，WPS 文字会按照默认的页面设置产生新的一页。但如果用户需要在指定的位置产生新页，则只能利用插入分隔符的方法强制分页。

3.4.1　分页

1. 插入分页符

分页符位于上一页结束与下一页开始的位置。插入分页符的操作步骤如下：

（1）将光标定位到需要分页的位置。

（2）在"页面布局"选项卡中单击"分隔符"下拉按钮，在弹出的下拉选项中选择"分页符"区域的"分页符"命令，则在插入点位置插入一个分页符。

也可以采用组合键 Ctrl+Enter 实现快速手动分页。

2. 分页设置

WPS 文字不仅允许用户手动分页，并且还允许用户调整自动分页的有关属性，例如，用户可以利用分页选项避免文档中出现"孤行"，避免在段落内部、表格中或段落之间进行分页等，其设置步骤如下：

（1）选定需分页的段落。

（2）在"开始"选项卡中，单击"段落"组中右下角的"对话框启动器"按钮，打开"段落"对话框。

（3）选择"换行和分页"选项卡，可以设置各种分页控制，如图 3-20 所示。

图 3-20　"换行和分页"选项卡

该选项卡中，不同的选项对分页起到的控制作用也各不相同，表 3-1 对各选项的作用进行了说明。

表 3-1　"换行和分页"选项卡中的选项说明

选项	说明
孤行控制	防止该段的第一行出现在页尾，或最后一行出现在页首，否则该段整体移到下一页
段中不分页	防止该段从段中分页，否则该段整体移到下一页
与下段同页	用于控制该段与下段同页。表格标题一般设置此项
段前分页	用于控制该段必须另起一页

3.4.2　分节

"节"是文档的一部分，是一段连续的文档块。所谓分节，可理解为将 WPS 文字文档分为几个子部分，对每个子部分可单独设置页面格式。插入分节符的操作步骤如下：

（1）将光标定位在需要分节的位置。

（2）在"页面布局"选项卡中，单击"分隔符"下拉按钮，弹出如图 3-21 所示的下拉选项，例如，选择"下一页分节符"选项，则在插入点位置插入一个分节符，同时插入点从下一页开始。

图 3-21　分隔符选项

在实际操作过程中，往往需要根据具体情况插入不同类型的分节符，WPS 文字共提供 4 种分节符，其功能各不相同，表 3-2 对分节符的类型及其功能进行了说明。

表 3-2　分节符的类型及其功能

分节符类型	功能
下一页分节符	插入一个分节符并分页，新节从下一页开始
连续分节符	插入一个分节符，新节从当前插入位置开始
偶数页分节符	插入一个分节符，新节从下一个偶数页开始
奇数页分节符	插入一个分节符，新节从下一个奇数页开始

注意：

（1）分页符是将前后的内容隔开到不同的页面，如果没有分节，则整个 WPS 文字文档所有页面都属于同一节。而分节符是将不同的内容分隔到不同的节。一页可以包含多节，一节也可以包含多页。

（2）同节的页面可以拥有相同的页面格式，而不同的节可以不相同，互不影响。因此，要对文档的不同部分设置不同的页面格式，则必须进行分节操作。

3.4.3　设置页眉和页脚

页眉和页脚

页眉和页脚通常用于显示文档的附加信息，如日期、页码、章标题等。其中，页眉在页面的顶部，页脚在页面的底部。

1. 插入相同的页眉和页脚

在默认情况下，在文档中任意一页插入页眉或页脚，则其他页面都生成与之相同的页眉或页脚，插入页眉的操作步骤如下：

（1）将光标定位到文档中的任意位置，单击"插入"选项卡。

（2）单击"页眉和页脚"按钮，打开"页眉和页脚"上下文选项卡，页眉和页脚处编辑状态。如图 3-22 所示。

图 3-22　"页眉和页脚"上下文选项卡

（3）在页眉处添加所需文本，此时为每个页面添加相同页眉。

（4）单击"页眉"下拉按钮，选择一种页眉样式，如图 3-23 所示，则当前文档的所有页面都添加了同一样式页眉。

类似地，在"页眉和页脚"上下文选项卡中单击"页眉页脚切换"按钮，单击"页脚"下拉按钮，选择一种页脚样式，如图 3-24 所示，则当前文档的所有页面都添加了同一样式页脚。

页眉和页脚的删除与页眉和页脚的插入过程类似，分别在图 3-23 和图 3-24 中选择"删除页眉"和"删除页脚"命令。

2. 插入不同的页眉和页脚

在长文档的编辑过程中，经常需要对不同的页面设置不同的页眉和页脚。如首页与其他页的页眉和页脚不同，奇数页与偶数页的页眉和页脚不同等。

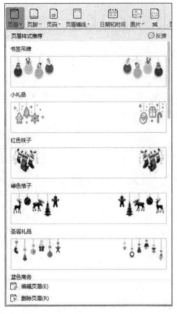

图 3-23　页眉样式下拉列表　　　　图 3-24　页脚样式下拉列表

（1）设置首页不同。"首页不同"是指在当前节中，首页的页眉和页脚与其他页不同。设置首页不同的方法如下：

1）在需要设置首页不同的节中，双击该节任意页面的页眉或页脚区域，此时出现如图 3-22 所示"页眉和页脚"上下文选项卡。

2）单击"页眉页脚选项"按钮，弹出"页眉/页脚设置"对话框。勾选"首页不同"复选框，这样首页就可以单独设置页眉和页脚了。如图 3-25 所示。

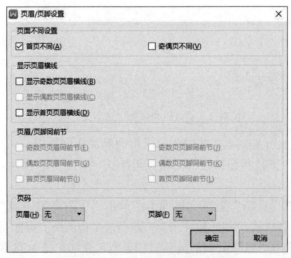

图 3-25　"页眉/页脚设置"对话框

（2）设置奇偶页不同。"奇偶页不同"是指在当前节中，奇数页和偶数页的页眉/页脚不同。默认情况下，同一节中所有页面的页眉/页脚都是相同的（首页不同除外），不论是奇数页还是偶数页，修改任意页的页眉/页脚，其他页面都进行了修改。只有在如图 3-25 所示的"页眉/页脚设置"对话框中，勾选"奇偶页不同"复选框，才可以分别为奇数页和偶数页设置不同的页眉/页脚。此时，只需修改某一奇数页或偶数页的页眉/页脚，所有奇数页或偶数页的页眉/页脚都会随之发生相应的改变（"首页不同"除外）。

（3）为不同节设置不同的页眉或页脚。当文档中存在多个节时，默认情况下，图 3-26 中的"页眉和页脚"上下文选项卡中的"同前节"按钮为选定状态。若需要为不同的节设置不同的页眉/页脚，则需单击"同前节"按钮，将其选定状态取消，从而断开前后节的关联，才能为各节设置不同的页眉/页脚。

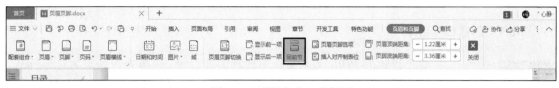

图 3-26　页眉与上一节相同

注意：页眉和页脚不属于正文，因此在编辑正文的时候，页眉和页脚以灰色显示，此时页眉和页脚不能编辑。反之，当编辑页眉或页脚时，正文不能编辑。

3. 插入页码

页码是一种放置于每页中标明次序，用以统计文档页数，便于读者检索的编码或其他数字。加入页码后，WPS 文字可以自动而迅速地编排和更新页码。页码可以置于页眉、页脚、页边距或当前位置，通常显示在文档的页眉或页脚处。插入页码的操作步骤如下：

（1）在"插入"选项卡中，单击"页码"下拉按钮，展开如图 3-27 所示的下拉列表。

（2）在弹出的下拉列表中，可以选择页码放置的位置和样式。

（3）在页眉/页脚编辑状态下，可以对插入的页码格式进行修改。在"页眉和页脚"上下文选项卡中，单击"页码"下拉按钮，在弹出的下拉列表中选择"页码"命令，如图 3-27 所示，打开如图 3-28 所示的"页码"对话框。

图 3-27　"页码"下拉列表

图 3-28　"页码"对话框

（4）在该对话框中的"样式"下拉列表中可为页码设置多种编号格式，同时在"页码编号"栏中还可以重新设置页码编号的起始页码。单击"确定"按钮完成页码的格式设置。

（5）单击"关闭"按钮退出页眉/页脚编辑状态。

3.5　创建目录

目录是文档中指导阅读、检索内容的工具。目录通常是长篇幅文档不可缺少的内容，它列出了文档中的各级标题及其所在的页码，便于用户快速查找到所需内容。

3.5.1　创建标题目录

插入目录

要在较长的 WPS 文字文档中成功添加目录，应事先正确设置标题样式，例如"标题 1"至"标题 9"样式。尽管还有其他的方法可以添加目录，但采用带级别的标题样式是最方便的一种。

1. 使用"目录样式库"创建目录

WPS 文字提供了一个"目录样式库"，其中有多种目录样式供选择，从而使插入目录的操作变得非常简单，插入目录的操作步骤如下：

（1）打开已设置标题样式的文档，将光标定位在需要建立目录的位置（一般在文档的开头处），在"引用"选项卡中单击"目录"下拉按钮，打开如图 3-29 所示的下拉列表。

（2）在下拉列表中选择一种满意的目录样式，则 WPS 文字将自动在指定位置创建目录，如图 3-30 所示。

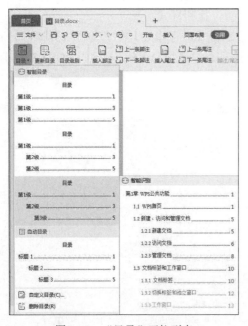

图 3-29　"目录"下拉列表

图 3-30　插入的目录

目录生成后，只需在按住 Ctrl 键的同时，单击目录中的某个标题行，就可以跳转到该标题对应的页面。

2.　使用自定义目录创建目录

如果应用的标题样式是自定义的样式，则可以按照如下操作步骤来创建目录：

（1）将光标定位在目录插入点。

（2）在"引用"选项卡中，单击"目录"按钮，在弹出的下拉列表中选择"自定义目录"命令，打开如图 3-31 所示的"目录"对话框。

（3）在该对话框中单击"选项"按钮，打开"目录选项"对话框，如图 3-32 所示。

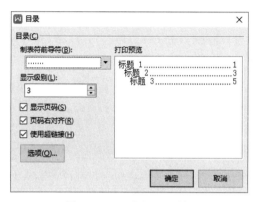

图 3-31　"目录"对话框

图 3-32　"目录选项"对话框

（4）在"有效样式"列表框中查找应用于文档中的标题的样式，在样式名称右侧的"目录级别"文本框中，输入相应样式的目录级别（可以输入 1 到 9 中），以指定希望标题样式代表的级别。如果仅使用自定义样式，则可删除内置样式的目录级别数字。

（5）单击"确定"按钮，返回"目录"对话框。

（6）在"打印预览"区域中显示插入后的目录样式。

（7）单击"确定"按钮完成所有设置。

3.　目录的更新与删除

在创建好目录后，如果进行了添加、删除或更改标题或其他目录项，目录并不会自动更新。更新文档目录的方法有以下几种：

（1）单击目录区域任意位置，此时在目录区域左上角出现浮动按钮"更新目录"，单击该按钮，打开"更新目录"对话框中，选择"更新整个目录"按钮，单击"确定"按钮完成目录更新。

（2）选择目录区域，按功能键 F9。

（3）单击目录区域的任意位置，在"引用"选项卡中单击"更新目录"按钮。

若要删除创建的目录，操作方法为：在"引用"选项卡中，单击"目录"下拉按钮，选择下拉列表底部的"删除目录"命令。或者选择整个目录后按 Delete 键进行删除。

3.5.2　创建图表目录

除上述标题目录外，图表目录也是一种常见的目录形式，图表目录是针对 WPS 文字文档中的图、表、公式等对象编制的目录。创建图表目录的操作步骤如下：

（1）将光标定位到目录插入点。

（2）在"引用"选项卡中，单击"题注"组中的"插入表目录"按钮，打开"图表目录"

对话框，如图 3-33 所示。

（3）在"题注标签"下拉列表中选择不同的题注类型，例如选择"图"题注。在该对话框中还可以进行其他设置，设置方法与标题目录设置类似。

（4）单击"确定"按钮，完成图表目录的创建，效果如图 3-34 所示。

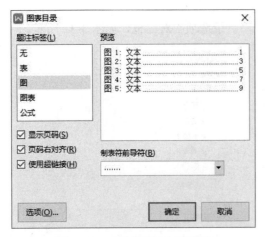

图 3-33　"图表目录"对话框　　　　　　　　图 3-34　图表目录的创建效果

图表目录的操作还涉及图表目录的修改、更新及删除，其操作方法和标题目录的操作方法类似，在此不再赘述。

3.6　文档的审阅

在与他人一同处理文档的过程中，审阅、跟踪文档的修订状况是最重要的环节之一，以便用户及时了解其他用户更改了文档的哪些内容，以及为何要进行这些更改。

3.6.1　批注与修订

批注是文档的审阅者为文档附加的注释、说明、建议、意见等信息，并不对文档本身的内容进行修改。

修订用来标记对文档所做的操作。启用修订功能，审阅者的每一次编辑操作都会被标记出来，用户可根据需要接受或拒绝每处的修订。只有接受修订，对文档的编辑修改才会生效，否则文档内容保持不变。

1. 批注与修订的设置

用户在对文档内容进行相关批注与修订操作之前，可以根据实际需要事先设置批注与修订的用户名、位置、外观等内容。

（1）用户名设置。在文档中添加批注或进行修订后，用户可以查看到批注者或修订者的姓名。系统默认姓名为安装软件时注册的用户名，但可以根据以下方法对用户名进行修改：

在"审阅"选项卡中，单击"修订"下拉按钮，单击下拉列表中的"更改用户名"命令，打开 WPS "选项"窗口，在"用户信息 "选项卡的"用户信息"文本框中输入新用户名，在"缩写"文本框中修改用户名的缩写，勾选"在修订中使用该用户信息"复选框，单击"确定"

按钮即可。

（2）位置设置。在默认情况下，添加的批注位于文档右侧，修订则直接在文档修订的位置。批注及修订还可以以"垂直审阅窗格"或"水平审阅窗格"形式显示，设置方法如下：

在"审阅"选项卡中，单击"修订"组中的"显示标记"下拉按钮，可从下拉列表中选择"批注框"的显示位置。同样，单击"审阅"下拉列表中的"审阅窗格"的级联菜单，可从中选择显示修订信息的位置。

（3）外观设置。外观设置主要是对批注和修订标记的颜色、边框、大小的设置。在"审阅"选项卡中，单击"修订"下拉列表中的"修订选项"命令，在如图 3-35 所示的"选项"对话框中，根据用户的实际需要可以对相应选项进行设置。

图 3-35　"选项"对话框

2. 批注与修订的操作

（1）添加批注。添加批注的操作步骤如下：

1）在文档中选择要添加批注的文本，在"审阅"选项卡中单击"插入批注"按钮。

2）选中的文本背景将被填充颜色，旁边为批注框，直接在批注框中输入批注内容，再单击批注框外的任何区域，即可完成添加批注操作。

（2）查看批注。添加批注后，将鼠标指针移至文档中添加批注的对象上，鼠标指针附近将出现注者姓名、批注日期和内容的浮动窗口。

在"审阅"选项卡中，单击"上一条"或"下一条"按钮，可使光标在批注之间移动，以查看文档中的所有批注。

（3）编辑批注。如果对批注的内容不满意可以进行编辑和修改，其操作方法为：单击要修改的批注框，光标停留在批注框内，直接进行修改，单击批注框外的任何区域完成修改。

（4）删除批注。可以选择性地进行单个或多个批注的删除，也可以一次性删除所有批注，根据删掉的对象不同，方法也有所不同，操作方法如下：

1）将光标置于批注框内。

2）在"审阅"选项卡中，单击"删除"下拉按钮，在下拉列表中选择"删除批注"命令，则删除当前的批注。

若选择"删除文档中的所有批注"命令则删除所有批注。

（5）修订文档。当用户在修订状态下修改文档时，WPS 文字应用程序将跟踪文档中所有内容的变化状况，把用户在当前文档中修改、删除、插入的每一项内容标记下来。修订文档的方法如下：

打开要修订的文档，在"审阅"选项卡中，单击"修订"按钮，即可开启文档的修订状态。

用户在修订状态下直接插入和修改的文档内容会通过颜色标记出来，删除的内容和格式的修改在右侧的页边空白处显示，如图 3-36 所示。

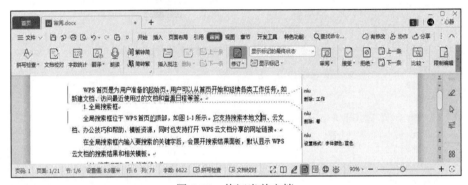

图 3-36　修订当前文档

3. 审阅修订和批注

文档修订完成后，用户还需要对文档的修订和批注状况进行最终审阅，根据需要对修订内容进行接受或拒绝处理。如果接受修订，则在"审阅"选项卡中，单击"接受"按钮，从弹出的选项中选择相应的命令，如图 3-37 所示。如果拒绝修订，则单击"拒绝"按钮，再从中选择相应的命令，如图 3-38 所示。

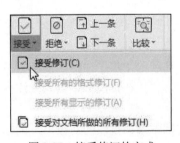

图 3-37　接受修订的方式

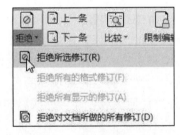

图 3-38　拒绝修订的方式

3.6.2　比较文档

文档经过最终审阅后，用户可以通过对比的方式查看修订前后两个文档版本的变化情况，进行比较的具体操作步骤如下：

（1）在"审阅"选项卡中，单击"比较"下拉按钮，在弹出的下拉列表中选择"比较"命令，打开"比较文档"对话框，如图 3-39 所示。

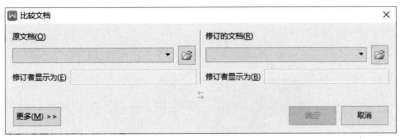

图 3-39　"比较文档"对话框

（2）在"比较文档"对话框中，在"原文档"下拉列表中选择修订前的文件，在"修订的文档"下拉列表中选择修订后的文件。还可以通过单击其右侧的"打开"按钮，在"打开"对话框中分别选择修订前和修订后的文件。

（3）单击"更多"按钮，展开比较选项，可以对比较内容、修订的显示级别和显示位置进行设置。

（4）单击"确定"按钮，WPS 文字将自动对原文档和修订后的文档进行精确比较，并以修订方式显示两个文档的不同之处。默认情况下，比较结果显示在新建的文档中，被比较的两个文档内容不变，如图 3-40 所示。

（5）比较文档窗口分 3 个区域，分别显示两个文档的内容、比较结果文档。此时可以对比较生成的文档进行审阅操作，单击"保存"按钮可以保存审阅后的文档。

图 3-40　比较后的结果

3.6.3　构建并使用文档部件

文档部件是对指定文档内容（文本、图片、表格、段落等文档对象）进行封装的一个整体部分，能对其进行保存和重复使用。

1. 自动图文集

"文档部件.docx"文件中"表 1-1 选定文本的操作方法"表格很有可能在撰写其他同类文档时再次被使用，将其保存为文档部件，并命名为"选定范围"。

操作方法如下：

（1）选择"表 1-1 选定文本的操作方法"表格，在"插入"选项卡中，单击"文档部件"

下拉按钮，如图 3-41 所示，从下拉列表中选择"自动图文集"→"将所选内容保存到自动图文集库"命令。

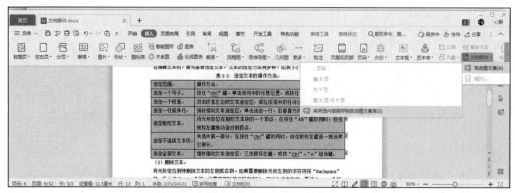

图 3-41　构建文档部件

（2）打开如图 3-42 所示的"新建构建基块"对话框，为新建的文档部件修改名称为"选定范围"，并在"库"类别下拉列表中选择"自动图文集"选项。

（3）单击"确定"按钮，完成文档部件的创建工作。使用文档部件的操作过程如下：在当前文档或打开的其他文档，将光标定位在要插入文档部件的位置，在"插入"选项卡中，单击"文档部件"下拉按钮，从下拉列表中选择"自动图文集"→"选定范围"命令，即在当前文档中插入一个与"选定范围"表格完全相同的表格，根据实际需要修改表格内容即可。

2．插入域

域是能够嵌入在文档中的一组代码，在文档中体现为数据占位符。通过域可以自动插入文字、图形、页码或其他信息。在文档中创建目录、插入页码等时，WPS 会自动插入域。利用"文档部件"可以手动插入域，通过域自动处理文档。操作步骤如下：

（1）在文档中单击插入域的位置。

（2）在"插入"选项卡中单击"文档部件"下拉按钮，从下拉列表中选择"域"命令。

（3）打开如图 3-43 所示的"域"对话框。

（4）根据需要选择域名，设置是否"更新时保留原格式"，单击"确定"按钮即可。

图 3-42　"新建构建基块"对话框

图 3-43　"域"对话框

3.7　邮件合并

在编辑文档时，通常会遇到这样一种情况，文档的主体内容相同，只是一些具体的细节文本稍有变化，如邀请函、准考证、成绩报告单、录取通知书等。在制作大量格式相同，只需修改少量文字，而其他文本内容不变的文档时，WPS 文字提供了强大的邮件合并功能。利用邮件合并功能可以快速、准确地完成这些重复性的工作。

3.7.1　邮件合并的关键步骤

要实现邮件合并功能，通常需要以下 3 个关键步骤：

（1）创建主文档：主文档是一个 WPS 文字文档，包含了文档所需的基本内容，并设置了符合要求的文档格式。主文档中的文本和图形格式在合并后都固定不变。

（2）创建数据源：数据源可以是用 WPS 表格、WPS 文字、Access 等软件创建的多种类型的文件。

（3）关联主文档和数据源：利用 WPS 文字提供的邮件合并功能，将数据源关联到主文档中，得到最终的合并文档。

下面以"计算机考试成绩通知单"为例介绍邮件合并操作。

3.7.2　创建主文档

主文档是用来保存文档中的重复部分。在 WPS 文字中，任何一个普通文档都可以作为主文档使用，因此，建立主文档的方法与建立普通文档的方法基本相同。图 3-44 为"计算机考试成绩通知单"的主文档，其主要制作过程如下：

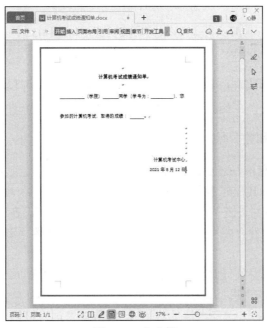

图 3-44　主文档

（1）启动 WPS 文字，设计通知单的内容及版面格式，并预留文档中相关信息的占位符。

（2）设置文本的字体、大小、段落的对齐方式等。

（3）设置双线型页面边框。

（4）设置完成后，以"成绩通知单.docx"为文件名进行保存。

3.7.3　创建数据源

邮件合并处理后产生的批量文档中，相同内容之外的其他内容由数据源提供。可以采用多种格式的文件作为数据源。不管何种形式的数据源，邮件合并操作都相似。需要注意的是，数据源文件中的第一行必须是标题行。

本例采用 Excel 文件格式作为数据源。先打开 Excel 软件，在"学生信息"工作表中输入数据源文件内容。其中，第一行为标题行，其他行为记录行，如图 3-45 所示，录入完成后以"计算机考试成绩.xlsx"为文件名进行保存。

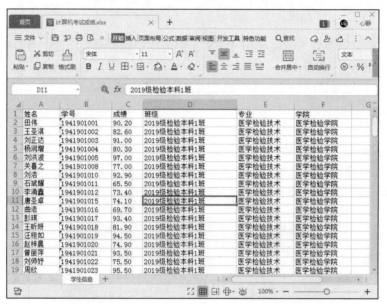

图 3-45　Excel 数据源

3.7.4　关联主文档和数据源

在主文档和数据源准备好之后，就可以利用邮件合并功能实现主文档与数据源的关联，从而完成邮件合并操作，其操作步骤如下：

（1）打开已创建的主文档"计算机考试成绩通知单.docx"，在"引用"选项卡中，单击"邮件"按钮，出现"邮件合并"上下文选项卡，单击"打开数据源"按钮，如图 3-46 所示，打开"选取数据源"窗口。

（2）在该窗口中，选择已创建好的数据源文件"计算机考试成绩.xlsx"，单击"打开"按钮，打开如图 3-47 所示的"选择表格"对话框。

（3）选择数据所在的工作表"学生信息"，单击"确定"按钮，此时数据源已经关联到主文档中，"邮件合并"选项卡中的大部分按钮也因此处于可用状态。

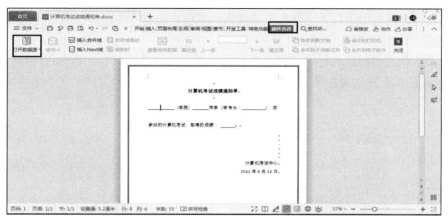

图 3-46　"邮件合并"上下文选项卡

图 3-47　"选择表格"对话框

（4）在主文档中将光标定位到"学院"下划线处，在"邮件合并"选项卡中，单击"插入合并域"按钮，在弹出的"插入域"对话框中选择要插入的域"学院"，单击"插入"按钮，如图 3-48 所示，按同样的方法，分别在相应位置插入"姓名"域、"学号"域和"成绩"域。

（5）为了使文档排版更合理、美观，可对域的位置和字体做适当编排。

（6）在"邮件合并"选项卡中，单击"查看合并数据"按钮，将显示主文档和数据源关联后的第一条数据结果。单击查看记录按钮，可逐条显示各条记录的数据。

（7）单击"合并到新文档"按钮，打开"合并到新文档"对话框，如图 3-49 所示。

图 3-48　插入域

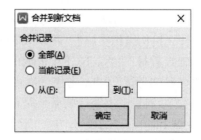

图 3-49　"合并到新文档"对话框

（8）在该对话框中选择"全部"单选按钮，单击"确定"按钮，WPS 文字将自动合并文档，并将合并的内容暂存在新建的"文档文稿 1"文档中。

（9）单击快速访问工具栏的"保存"按钮，对"文档文稿 1"文档进行保存，在打开的"另存为"对话框中输入文件名，例如，以"成绩通知单.docx"为文件名进行保存。如图 3-50 所示。

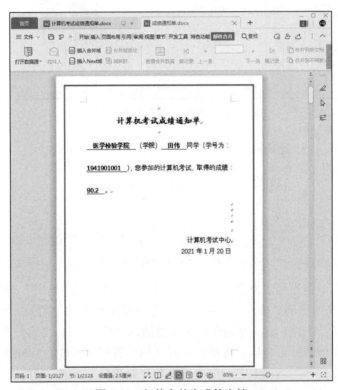

图 3-50　邮件合并生成的文档

3.8　应用案例：长文档操作与邮件合并

3.8.1　案例描述

（1）打开给定的素材文档"全国计算机等级考试"，进行如下操作：

1）新建样式并应用：新建样式名为"文章标题"，黑体、三号、居中对齐并应用于文档的标题"全国计算机等级考试"。对文章中的"一、项目介绍""二、举办 NCRE 的目的""三、NCRE 由什么机构组织实施""四、NCRE 等级和科目如何构成""五、NCRE 有没有统一的考试大纲和辅导教材""六、NCRE 采取的考试形式""七、NCRE 报名和考试时间""八、什么人可以报名参加考试""九、考生一次可以报考几个科目""十、如何缴纳报名考务费""十一、NCRE 各级别/科目证书获证的条件是什么""十二、如何计算成绩""十三、成绩与证书如何下发""十四、证书丢失了怎么办""十五、证书获得者具备什么样的能力，可以胜任什么工作""十六、其他"应用样式"标题 2"。

2）插入脚注和尾注：将"一、项目介绍"后添加脚注，脚注内容为"全国计算机等级考试简称 NCRE"；在标题后添加尾注，尾注的内容为"本文摘自全国计算机等级考试网站"。

3）插入页眉：插入页眉，内容为"全国计算机等级考试"。

4）插入页码：在页脚中间插入页码，编号格式为"I, II, III, …"，并将起始页码设置为"III"。

5）插入分节符：在文章最前面插入一个"下一页分节符"分节符。

6）创建标题目录：在第一节插入目录，目录包含两级标题"文章标题"和"标题2"。

（2）公司将于今年举办"创新产品展示说明会"，市场部助理小王需要将会议邀请函制作完成，并寄送给相关的客户。现在，请按照如下需求在"WPS 文字.docx"文档中完成邀请函的制作：

1）在"尊敬的"文字后面插入拟邀请的客户姓名。拟邀请的客户姓名在试题文件夹下的"通讯录.xlsx"文件中。

2）每个客户的邀请函占 1 页内容，且每页邀请函中只能包含 1 位客户姓名，所有的邀请函页面另外保存在一个名为"WPS 文字-邀请函.docx"文件中。

3）关闭 WPS 文字应用程序，并保存所提示的文件。

3.8.2　案例操作说明

1．"全国计算机等级考试"文件排版

（1）新建样式并应用。

1）将光标置于标题段。在"开始"选项卡中，单击"新样式"按钮，打开"新建样式"对话框，如图 3-51 所示。

2）在"名称"框中键入新建样式的名称"文章标题"，在"样式类型"下拉列表中选择"段落"。在"样式基准"下拉列表中选择"标题 1"。在"格式"中设置"黑体""三号""居中"。如图 3-52 所示。

图 3-51　"新建样式"对话框　　　　　图 3-52　新建"文章标题"样式

3）设置完成后，单击"确定"按钮。在"开始"选项卡的"样式和格式"组中将出现"文章标题"样式名称。

4）将光标置于"一、项目介绍"处，在"开始"选项卡中单击"样式和格式"组的"标题 2"。用同样方法把"二、举办 NCRE 的目的""三、NCRE 由什么机构组织实施""四、NCRE 等级和科目如何构成""五、NCRE 有没有统一的考试大纲和辅导教材""六、NCRE 采取的考试形式""七、NCRE 报名和考试时间""八、什么人可以报名参加考试""九、考生一次可以报考几个科目""十、如何缴纳报名考务费""十一、NCRE 各级别/科目证书获证的条件是什么""十二、如何计算成绩""十三、成绩与证书如何下发""十四、证书丢失了怎么办""十五、证书获得者具备什么样的能力，可以胜任什么工作""十六、其他"应用样式"标题 2"。

（2）插入脚注和尾注。

1）将光标移到"一、项目介绍"后。在"引用"选项卡中，单击"插入脚注"命令按钮，此时，在"绍"字右上角出现脚注引用标记，同时在当前页面左下角出现横线和闪烁的光标。

2）在光标处输入注释内容"全国计算机等级考试简称 NCRE"，即完成脚注的插入。

3）将光标移到文章标题后。在"引用"选项卡中，单击"插入尾注"命令按钮，此时，在"试"字右上角出现尾注引用标记，同时在文章最后出现横线和闪烁的光标。

4）在光标处输入内容"本文摘自于全国计算机等级考试网站"，即完成尾注的插入。

（3）插入页眉。

1）将光标定位到文档中的任意位置，单击"插入"选项卡。

2）单击"页眉和页脚"按钮，打开"页眉和页脚"选项卡。

3）在页眉处输入"全国计算机等级考试"，如图 3-53 所示，此时为每个页面添加相同页眉。

图 3-53　输入页眉

（4）插入页码。

1）在"插入"选项卡中，单击"页码"下拉按钮，弹出如图 3-54 所示的下拉列表。

2）在弹出的下拉列表中，选择"页脚中间"按钮后，将自动在页脚处中间位置显示页码。

3）在页眉/页脚编辑状态下，可以对插入的页码格式进行修改。在"页眉和页脚"上下文选项卡中，单击"页码"下拉按钮，如图 3-55 所示，在弹出的下拉列表中选择"页码"命令，打开"页码"对话框。

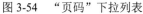

图 3-54　"页码"下拉列表

图 3-55　设置"页码"格式命令

4）在对话框中的"样式"下拉列表中，可为页码设置样式为"I, II, III, ..."，同时，在"页码编号"栏中重新设置页码编号的起始页码为"3"。如图 3-56 所示。单击"确定"按钮完成页码的格式设置。

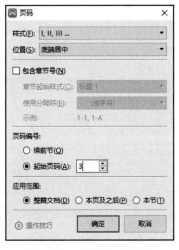

图 3-56　"页码"对话框

图 3-57　"分隔符"下拉列表

5）单击"关闭"按钮，退出页眉和页脚编辑状态。

（5）插入分节符。

1）将光标定位在文章最前面。

2）在"页面布局"选项卡中，单击"分隔符"下拉按钮，弹出如图 3-57 所示的下拉列表，例如，选择"分节符"区域的"下一页分节符"选项，则在插入点位置插入一个分节符，同时插入点从下一页开始。

（6）创建标题目录。

1）将光标定位在目录插入点。

2）在"引用"选项卡中，单击"目录"下拉按钮，在弹出的下拉列表中，选择"自定义目录"命令，打开如图 3-58 所示的"目录"对话框。

3）在该对话框中，单击"选项"按钮，打开"目录选项"对话框。

4）在"有效样式"区域中查找应用于文档中的标题的样式，在样式名称右侧的"目录级别"文本框中，删除内置样式的目录级别数字，在"文章标题"后输入"1"，在"标题 2"后输入"2"，如图 3-59 所示。

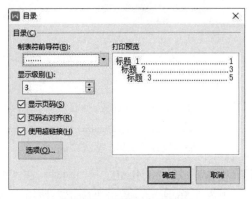

图 3-58 "目录"对话框

图 3-59 "目录选项"对话框

5）单击"确定"按钮，返回"目录"对话框。如图 3-60 所示。

6）单击"确定"按钮完成所有设置。插入如图 3-61 所示的目录。

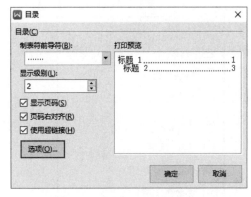

图 3-60 返回"目录"对话框

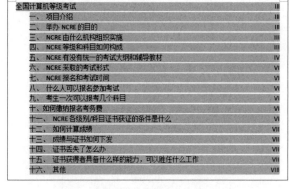

图 3-61 插入后的目录

2．邮件合并

（1）打开"WPS 文字.docx"文档。

（2）单击"引用"选项卡上的"邮件"按钮。

（3）打开"邮件合并"上下文选项卡，单击"打开数据源"按钮，打开如图 3-62 的窗口。

（4）在该窗口中，选择已创建好的数据源文件"通讯录.xlsx"，单击"打开"按钮。

（5）此时数据源已经关联到主文档中，"邮件合并"选项卡中的大部分按钮也因此处于可用状态。

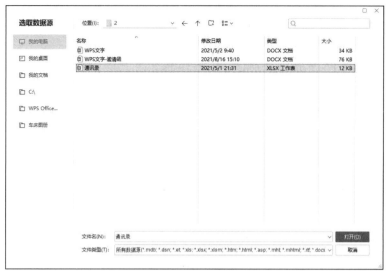

图 3-62　"选取数据源"窗口

（6）在主文档中将光标定位到"尊敬的"后，在"邮件合并"选项卡中，单击"插入合并域"按钮，在弹出的"插入域"对话框中选择要插入的域"姓名"，单击"插入"按钮，如图 3-63 所示。

（7）在"邮件合并"选项卡中，单击"查看合并数据"按钮，将显示主文档和数据源关联后的第一条数据结果。单击查看记录按钮，可逐条显示各条记录的数据。

（8）单击"合并到新文档"按钮，打开"合并到新文档"对话框，如图 3-64 所示。

（9）在该对话框中选择"全部"单选按钮，单击"确定"按钮，WPS 文字将自动合并文档，并将合并的内容暂存在新建的"文档文稿 1"文档中。

（10）单击快速访问工具栏的"保存"按钮，对"文档文稿 1"文档进行保存，在打开的"另存文件"对话框中输入文件名，以"WPS 文字-邀请函.docx"为文件名进行保存。如图 3-65 所示。

图 3-63　插入域

图 3-64　"合并到新文档"对话框

图 3-65　邮件合并后的新文件

习题 3

一、选择题

1. 使用 WPS 文字撰写长篇论文时，若要使各章内容自动从新的页面开始，最优的操作方法是（　　）。

　　A．在每章结尾处连续按回车键使插入点定位到新的页面

　　B．在每章结尾处插入一个分页符

　　C．依次将每章标题的段落格式设为"段前分页"

　　D．将每章标题指定为标题样式，并将样式的段落格式修改为"段前分页"

2. 在 WPS 文字中，关于尾注说法错误的是（　　）。

　　A．尾注可以插入到文档的结尾处

　　B．尾注可以插入到节的结尾处

　　C．尾注可以插入到页脚中

　　D．尾注可以转换为脚注

3. 在 WPS 文字中，不可以将文档直接输出为（　　）。

　　A．PDF 文件　　　　　　　　　　　B．图片

　　C．电子邮件正文　　　　　　　　　D．扩展名为.pptx 的文件

4. 小明正在 WPS 文字中编辑一篇包含 11 个章节的书稿，他希望每一章都能自动从新的一页开始，最优的操作方法是（　　）。

　　A. 在每一章最后插入分页符

　　B. 在每一章最后连续按回车键，直到下一页面开始处

　　C. 将每一章标题的段落格式设为"段前分页"

　　D. 将每一章标题指定为标题样式，并将样式的段落格式修改为"段前分页"

5. 在 WPS 文字文档中包含了文档目录，将文档目录转变为纯文本格式的最优操作方法是（　　）。

　　A. 文档目录本身就是纯文本格式，不需要再进行进一步操作

　　B. 使用 Ctrl+Shift+F9 组合键

　　C. 在文档目录上右击，然后执行"转换"命令

　　D. 复制文档目录，然后通过"选择性粘贴"功能以纯文本方式显示

6. 小齐计划邀请 50 家客户参加答谢会，并为客户发送邀请函。快速制作 50 份邀请函的最优操作方法是（　　）。

　　A. 发动同事帮忙制作邀请函，每个人写几份

　　B. 利用 WPS 文字的邮件合并功能自动生成

　　C. 先制作好一份邀请函，然后复印 50 份，在每份上添加客户名称

　　D. 先在 WPS 文字中制作一份邀请函，通过复制、粘贴功能生成 50 份，然后分别添加客户名称

二、操作题

1. 某单位财务处请小赵设计"经费联审结算单"模板，以提高日常报账和结算单审核效率。请根据素材文件夹下"WPS 文字素材 1.docx"和"WPS 文字素材 2.docx"文件完成制作任务，具体要求如下：

（1）将素材文件"WPS 文字素材 1.docx"另存为"结算单模板.docx"，保存于素材文件夹下，后续操作均基于此文件。

（2）将页面设置为 A4 幅面、横向，页边距均为"1 厘米"。设置页面为"两栏"，栏间距为"2 字符"，其中左栏内容为"经费联审结算单"表格，右栏内容为"XX 研究所科研经费报账须知"文字，要求左右两栏内容不跨栏、不跨页。

（3）设置"经费联审结算单"表格整体居中，所有单元格内容垂直居中对齐。参考素材文件夹下"结算单样例.jpg"文件，适当调整表格行高和列宽，其中两个"意见"的行高不低于 2.5 厘米，其余各行行高不低于 0.9 厘米。设置单元格的边框，细线宽度为"0.5 磅"，粗线宽度为"1.5 磅"。

（4）设置"经费联审结算单"标题（即表格的第一行）"水平居中"，字体为小二、华文中宋，其他单元格中已有文字字体均为小四、仿宋、加粗；除"单位："为左对齐外，其余含有文字的单元格均为"居中"对齐。表格第二行的最后一个空白单元格将填写填报日期，字体为四号、楷体，右对齐；其他空白单元格格式均为四号、楷体，左对齐。

（5）"XX 研究所科研经费报账须知"以文本框形式实现，其文字的显示方向与"经费联审结算单"相比，逆时针旋转 90°。

（6）设置"XX 研究所科研经费报账须知"的第一行格式为小三、黑体、加粗，居中对齐；第二行格式为小四、黑体，居中对齐；其余内容为小四、仿宋，两端对齐、首行缩进 2 字符。

（7）将"科研经费报账基本流程"中的 4 个步骤改用"基本流程"智能图形显示，颜色为"着色 1"中的第一种颜色，样式为默认样式。

（8）"WPS 文字素材 2.xlsx"文件中包含了报账单据信息，需使用"结算单模板.docx"自动批量生成所有结算单。其中，对于结算金额为 5000（含）以下的单据，"经办单位意见"栏填写"同意，送财务审核"；否则填写"情况属实，拟同意，请所领导审批"。另外，因结算金额低于 500 元的单据不再单独审核，需在批量生成结算单据时将这些单据记录自动跳过。生成的批量单据存放在素材文件夹下，以"批量结算单.docx"命名。

2．按照如下要求对论文进行编辑排版。

（1）在素材文件夹下，将"WPS 文字素材.docx"文件另存为"WPS 文字.docx"。

（2）调整纸张大小为 A4，左、右页边距为"2 厘米"，上、下页边距为"2.3 厘米"。

（3）将表格外的所有中文字体及段落格式设为仿宋、四号、首行缩进 2 字符、单倍行距，将表格外的所有英文字体设为 Times New Roman、四号，表格中内容的字体、字号、段落格式不变。

（4）为第一段"企业质量管理浅析"应用"标题 1"样式，并居中对齐。为"一、""二、""三、""四、""五、""六、"对应的段落应用"标题 2"样式。

（5）为文档中蓝色文字添加某一类项目符号。

（6）将表格及其上方的表格标题"表 1　质量信息表"排版在 1 页内，并将该页纸张方向设为"横向"，将标题段"表 1　质量信息表"置于表上方居中，删除表格最下面的空行，调整表格宽度及高度。

（7）将表格按"反馈单号"从小到大的顺序排序，并为表格应用一种内置表格样式，所有单元格内容为水平和垂直都居中对齐。

（8）在文档标题"企业质量管理浅析"之后，正文"有人说：产量是……"之前插入仅包含第 2 级标题的目录，目录及其上方的文档标题单独作为 1 页，将目录项设为三号字、3 倍行距。

（9）为目录页添加首页页眉"质量管理"，居中对齐。在文档的底部靠右位置插入页码，页码形式为"第几页　共几页"，目录页不显示页码且不计入总页数，正文页码从第 1 页开始。页码和总页数应当能够自动更新，更新目录页码。

（10）为表格所在的页面添加"编辑限制"保护，不允许随意对该页内容进行编辑修改，并设置保护密码为空。

（11）为文档添加文字水印"质量是企业的生命"，格式为宋体、字号 80、黄色、倾斜，透明度为 60%。

第 4 章　PDF 文件与云文档

PDF 是 Portable Document Format（便携文件格式）的缩写，是一种电子文件格式，与操作系统平台无关，由 Adobe 公司开发而成。PDF 文件是以 PostScript 语言图像模型为基础，无论在哪种打印机上都可保证精确的颜色和准确的打印效果，即 PDF 会真实地再现原稿的每一个字符、颜色以及图像。PDF 文件具备跨系统、跨平台显示的一致性，不会出现段落错乱、文字乱码等排版问题，同时文件本身可以嵌入字体，避免了设备中没有对应字体而导致文字显示差异的问题，显示一致性优势，大多体现在印刷行业。

WPS 云文档，是 WPS 提供的公有云和私有云集一体的平台。它是一款以文档管理为基础的信息化管理软件，主要用于企业内部文档集中管理、归档、共享、审核、高效查找。它是一种远程操作，不再使办公操作局限于本地操作。

学习目标：

- 掌握 PDF 文件的基本操作。
- 学会 PDF 文件的编辑方法。
- 掌握云文档的基本操作。

4.1　PDF 文件基本操作

4.1.1　PDF 文件的创建与打开

1. PDF 文件的创建

WPS 提供创建 PDF 文件方式有：新建空白页文件、从扫描仪新建、从 Office 格式新建 PDF 文件、从图片新建 PDF 文件。

启动 WPS 后，首页上有两个新建页入口：左侧栏的"新建"按钮和顶部栏的"+"按钮，单击任意一个新建按钮都可进入新建界面。

单击"新建"按钮进入新建界面后，如图 4-1 所示，单击 PDF 按钮，出现"新建 PDF"页。新建 PDF 页包含：新建空白页、从扫描仪新建、从文件新建 PDF、图片转换 PDF 等按钮。

（1）从文件新建 PDF 文件。WPS 自带将 Office 格式文件转换为 PDF 文件的功能。单击"从文件新建 PDF"按钮，弹出如图 4-2 所示的"打开文件"对话框。在"文件类型"下拉列表中，可以选择文字/Word 格式、表格/Excel 格式、演示/PowerPoint 格式等多种格式。选定一种格式后，选择需要转换的文件，单击"打开"按钮，WPS 将自动生成对应的 PDF 文件。

（2）从扫描仪新建。WPS 从扫描仪新建 PDF 文件，页面内容全部为图片。在图 4-1 中，单击"从扫描仪新建"按钮，打开"扫描设置"对话框，如果电脑已经连接了扫描仪，则会在扫描仪列表中列出当前电脑所连接的扫描仪。选择需要启动的扫描仪，单击"确定"按钮，开启相应的扫描仪开始扫描内容创建 PDF 文件。

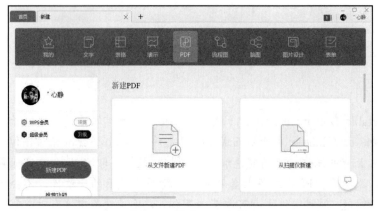

图 4-1　新建 PDF 文件

图 4-2　"打开文件"对话框

（3）新建空白页。新建空白页的 PDF 文件，默认页面 A4 大小。单击如图 4-1 所示的"新建空白页"按钮，弹出如图 4-3 所示的"新建空白页"对话框，单击"新建 PDF 文档"按钮即可。

图 4-3　"新建空白页"对话框

说明：创建 PDF 文件大多数由 Office 格式导出创建而成。WPS Office 支持文字、表格、演示文档的编辑功能，所以在图 4-3 中，"新建空白页"对话框中也提供了新建文字文档、新建表格文档、新建演示文档 3 种常用的 Office 文档格式的新建按钮。

（4）将图片转换成 PDF 文件。将图片转换成 PDF 文件，步骤如下：

1）在图 4-1 中，单击"图片转 PDF"按钮，弹出"图片转 PDF"窗口，如图 4-4 所示。

图 4-4　"图片转 PDF"窗口

2）在操作区域中，可以单击"点击添加文件"或"拖拽到此区域"按钮，弹出"添加图片"对话框。

3）选定要转换的图片，单击"打开"按钮，返回到"图片转 PDF"窗口，如图 4-5 所示。

图 4-5　添加图片后的窗口

如果需要转换的图片有多个，则单击"添加更多图片"按钮，然后可以单击"合并输出"或"逐个输出"按钮。也可以设置纸张大小、纸张方向、页面边距以及是否有水印。

4）单击"开始转换"按钮，即可生成 PDF 文件。

2. PDF 文件的打开

WPS 具有阅读及编辑 PDF 文件的功能。可以通过以下方式在 WPS 中打开 PDF 文件：

（1）利用 WPS 首页中的"打开"按钮。单击 WPS "首页"→"打开"按钮，在如图 4-6 所示的"打开文件"窗口中选择要打开的 PDF 文件，单击"打开"按钮。

图 4-6　"打开文件"窗口

（2）利用 WPS 首页的文件夹浏览界面打开 PDF 文件。单击 WPS "首页"中的"常用"文件夹，打开如图 4-7 所示 PDF 文件，操作步骤如下：

1）单击"常用"文件夹区的"我的电脑"。

2）在文件列表区域按 PDF 文件所在目录逐级定位。

3）双击要打开的 PDF 文件即可打开。

图 4-7　首页"常用"文件夹打开文件

（3）利用关联文档打开 PDF 文件。WPS 安装时，默认将系统中 PDF 文件格式的关联设置为 WPS。在资源管理器中找到要打开的文件，双击 PDF 文件就会自动用 WPS 打开，如果不是用 WPS 自动打开，那就可能没有关联在 WPS Office 上。

4.1.2　PDF 文件的查看

1．PDF 主界面

WPS PDF 主界面大体分如图 4-8 所示的 5 个区域：文档标签区域、功能选项卡区域、左侧导航栏区域、文档显示区域、底部任务栏区域。

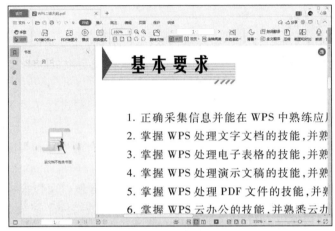

图 4-8　WPS PDF 主界面

2．PDF 视图

WPS PDF 提供了如图 4-9 所示的视图方式，可以设置单页连续阅读、双页连续阅读、独立封面阅读、单页不连续阅读、双页不连续阅读 5 种视图。在 "开始"选项卡中，设置了"连续阅读"按钮、"单页"按钮、"双页"按钮。单击"双页"按钮右边的下拉按钮，在下拉列表中设置了"独立封面"按钮。通过上述按钮不同组合可以切换各种视图方式。

图 4-9　视图布局入口

3．翻页和缩放

（1）翻页。查看 PDF 文件时，翻页操作是最基本的操作之一。翻页操作分为滚动页面和跳页两种。滚动页面是指在上、下、左、右 4 个方向进行页面位置的移动，跳页是指从某一页直接跳转到另外一页进行显示。常用操作方法如下：

1）鼠标滚动。鼠标滚轮向前滚动，则视图向上滚动页面；鼠标滚轮向后滚动，则视图向下滚动页面。

2）键盘滚动。方向键区域上、下、左、右 4 个方向键分别控制对应方向上的页面滚动。编辑键区的 PageUp 键和 PageDown 键可以在垂直方向上下翻页，在对应方向上滚动距离为一屏大小，按 Home 键直接跳页到文件的第一页，按 End 键直接跳页到文件的最后一页。

3）WPS PDF 主界面中翻页按钮。如图 4-8 所示，一共有"上一页""当前页""下一页""水平滚动条"和"垂直滚动条"5 种可以翻页的操作。

（2）缩放。PDF 文件具备文字、矢量图缩放不失真的特性，也有缩放功能。如图 4-8 所示，WPS PDF 提供了实际大小、适合页面、适合宽度、当前缩放值 4 种缩放的快速设置入口，也可以通过"缩小"和"放大"按钮进行缩放。

还可以通过键盘上 Ctrl 键和鼠标滚轮配合来进行缩放页面操作。按 Ctrl 键时，鼠标滚轮向前滚动，则放大页面；鼠标滚轮向后滚动，则缩小页面。鼠标控制缩放时，以鼠标位置为缩放中心，根据预设的缩放列表中的缩放值逐个进行缩放。

4. 手型模式与选择模式

PDF 页面一般包含文本、图片、批注等内容，在阅读时需要对内容进行添加批注、复制文本、复制图片等简单的操作，这时，一般都需要利用鼠标先定位页面中的内容然后进行操作。WPS PDF 提供了手型模式和选择模式两种模式。

手型模式：在手型模式下，阅读过程中利用鼠标左键拖动进行滚动页面阅读，此时不进行内容的选择。

选择模式：选择模式主要用于选择 PDF 页面内容，从而进行复制等操作。

5. 书签

目录是把文件的各个标题按一定次序编排的一种内容导航，可以根据目录中的页码快速找到所需的内容。书签是为了标记当前阅读到文件某一位置或者为了记录重要信息位置而添加的内容位置信息。在 WPS 中将书签和目录两者合二为一。如图 4-10 所示，WPS PDF 主界面在左侧导航栏中提供了用于显示书签列表的面板，单击"书签"按钮，默认显示 PDF 文件中已有的目录内容，按目录的主次层级结构展示，单击书签目录项可以跳转至对应页码的页面。在书签目录面板中，可以管理书签目录，如展开、收起、添加、删除书签。

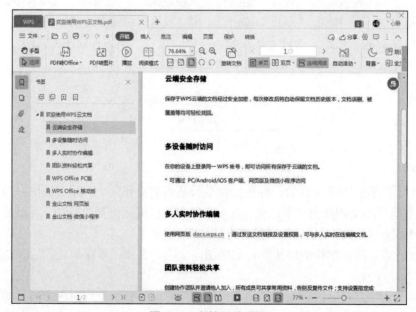

图 4-10　书签目录面板

6. 缩略图

缩略图用来快速预览页面内容，并可以跳转到对应页面。在缩略图界面，鼠标滚轮上下滚动或者利用滚动条来浏览所有缩略图，单击某个缩略图则可以跳转到对应页面。

7. 查找文本

通过文本关键字，查找关键字在文件中的位置。单击"开始"选项卡中的"查找"按钮，弹出如图 4-11 所示的任务窗格，匹配规则分为"英文整词搜索"和"区分大小写"两类，查找范围默认是页面文本内容，可以勾选"包括书签"和"包括注释"进行查找。

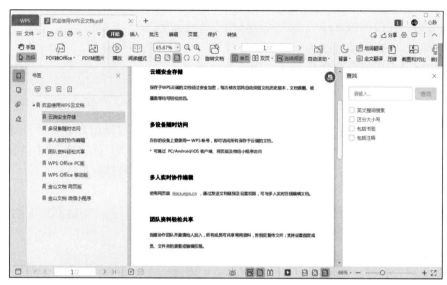

图 4-11　查找文本

8. 复制内容

在选择模式下，PDF 文件可以复制内容到剪贴板中，常见的复制内容是文本和图片。

（1）复制文本。PDF 文件复制文本到剪贴板的操作步骤如下：

1）在"开始"选项卡中，单击"选择"按钮，进入选择模式。

2）在要复制文本的开始处按住鼠标左键，拖动鼠标，到需要复制的文本结尾处，松开鼠标左键，弹出悬浮工具栏，如图 4-12 所示。

图 4-12　复制文本

3）单击在悬浮工具栏中的"复制"按钮，也可以按 Ctrl+C 组合键，或者右击，单击快捷菜单中的"复制"命令，都可复制文本到剪贴板。

如果要复制文件中的所有文本，可以按 Ctrl+A 组合键，再按 Ctrl+C 组合键进行全文复制。

（2）复制图片。首先选定图片，然后在图片区域右击，单击快捷菜单中的"复制"命令完成复制。

9. 背景

在"开始"选项卡中，单击"背景"下拉按钮可以设置视图背景。各种背景含义如下：

（1）默认。指 PDF 页面自带的背景颜色。

（2）日间。在白天或光线较强的阅读环境下，可设置为日间背景。

（3）夜间。在夜间或光线较暗的阅读环境下，可设置为夜间背景。

（4）护眼。采用绿色为颜色背景，降低眼疲劳感。

（5）羊皮纸。采用纸质颜色阅读。

10. 自动滚动

自动滚动阅读是在文件显示区域中，让页面以固定的速度自动滚动。在"开始"选项卡中，单击"自动滚动"下拉列表中的"-2 倍速度""-1 倍速度""1 倍速度""2 倍速度"等命令进行设置。其中，负倍速度是指向上滚动，正倍速度是指向下滚动。

11. 翻译

WPS PDF 内嵌翻译引擎，可以对所选文本、全文进行翻译，会自动检测常用的翻译语种，也可以手动设置翻译的语种，目前支持 6 种语言互译。

12. 阅读模式

阅读模式是一种精简的阅读界面。在"开始"选项卡中，单击"阅读模式"按钮进入阅读模式，功能导航区只保留书签、视图、旋转、翻译、批注模式、批注工具箱、查找、退出等基本功能。单击右上角"退出"按钮或者按 Esc 键退出阅读模式。

13. 幻灯片播放

将 PowerPoint 格式转换成 PDF 文档后，单击 WPS PDF"开始"选项卡中的"播放"按钮即可播放幻灯片。如图 4-13 所示。

图 4-13 "开始"选项卡

4.1.3 文档加密

PDF 文件支持设置打开密码和文档操作权限密码。打开密码是指打开文件时，要求输入正确的密码才允许打开文件进行阅读；文件操作权限密码是指在阅读文档过程中对文档进行操作的权限，如果触发到需要权限的操作时，则要求输入正确的密码才能继续操作。可以同时设置打开密码和文档操作权限密码，但密码不能相同。

1. 设置打开密码

设置 PDF 文件的打开密码的操作步骤如下：

1）单击"保护"选项卡下的"文档加密"按钮，如图 4-14 所示，弹出"加密"对话框，如图 4-15 所示。

图 4-14　文档加密

2）勾选"设置打开密码"复选框。在"密码"输入框中输入打开密码，在"确认密码"输入框中再次输入打开密码。

3）单击"确认"按钮。

2. 设置操作权限密码

设置 PDF 文件操作权限密码的操作步骤如下：

1）单击"保护"选项卡下的"文档加密"按钮，弹出如图 4-15 所示的"加密"对话框。

2）勾选"设置编辑及页面提取密码"复选框。默认的权限密码为编辑和提取页面操作所设置的密码。如图 4-16 所示。

图 4-15　"加密"对话框

图 4-16　设置操作权限密码

3）在"密码"输入框中输入操作权限密码，在"确认密码"输入框中再次输入操作权限密码。

4）勾选需要设置权限的操作：打印、复制、注释、插入和删除页、填写表单和注释权限。

5）单击"确认"按钮。

4.1.4　设置水印

WPS PDF 中设置水印功能是 WPS 会员特权功能，在编辑操作过程中需要 WPS 会员特权。PDF 文档可以在页面内容下添加水印，在文件流转过程中起到安全、警醒、防盗用的作用。

1. 添加水印

WPS PDF 中可以设置文本和图片两种水印类型。添加水印的操作步骤如下：

1）单击"编辑"选项卡中的"水印"按钮，弹出水印操作面板。

2）单击"自定义水印"栏的"单击添加"按钮，弹出"添加水印"对话框，如图 4-17 所示。

图 4-17 "添加水印"对话框

3）设置水印来源：单击"文本"选项按钮，输入文本，输入的文本可以设置字体、字号、颜色、下划线和加粗属性； 单击"文件"选项按钮，单击"浏览"按钮，从系统中选择图片资源。默认是输入文本。

4）设置外观：包括旋转、不透明度、相对页面比例 3 种属性，其中相对页面比例是指水印的大小与页面尺寸的比例，如果勾选了"相对页面比例"复选框，则以当前相对页面比例为准。

5）设置位置：在"多行水印"下拉列表中预设了"效果 1"和"效果 2"两种多行平铺水印的方式，默认平铺方式是"无"。当平铺方式为"无"时，只有一行一列的水印，可以在垂直和水平两个方向设置水印的对齐方式或自定义位置，当平铺方式为"效果 1"或"效果 2"时，垂直和水平两个方向位置是预设的，无法修改。

6）保存设置：用于将本次设置的水印属性、位置等保存下来，并可以自定义设置的名称，以备后续能快速设置相同的水印。

7）单击"确认添加"按钮，添加水印完成。

在"添加水印"对话框中可以即时预览到真实的水印效果。

2．更新水印

更新水印是指将当前已经添加的水印进行更新，操作步骤如下：

1）单击"编辑"选项卡中的"水印"按钮，弹出水印操作面板。

2）单击"更新水印"按钮，弹出"更新水印"对话框。

"更新水印"对话框与"添加水印"对话框的操作相同。

3．删除水印

删除水印指删除现有的水印，操作步骤如下：

1）单击"编辑"选项卡中的"水印"按钮，弹出"水印操作"面板。

2）单击"删除水印"按钮，弹出"删除"确认框，单击"确认"按钮即可删除水印。

4.1.5　PDF 签名

WPS PDF 签名为笔迹签名。在打印图纸、归档时，签名起到一种感官认知和约束行为的作用。

1．新建签名

WPS PDF 提供 3 种签名方式：图片签名、输入签名、手写签名。新建签名的操作步骤如下：

1）单击"插入"选项卡中的"PDF 签名"按钮，弹出签名列表面板。

2）单击"创建签名"项，弹出"PDF 签名"对话框，如图 4-18 所示。

图 4-18　"添加图片"签名

不同的签名方式，步骤不同：用图片签名，执行步骤 3）～6）；输入签名，执行步骤 7）～9）；手写签名，执行步骤 10）～12）。

3）如图 4-18 所示，单击"图片"选项卡中的"添加图片"按钮，打开"添加图片"对话框。

4）选择需要的图片，单击"打开"按钮，返回"PDF 签名"对话框。

5）单击"黑白"按钮，可以将签名图片设置成黑白色。

6）单击"确定"按钮，即可添加本地签名图片。

7）单击如图 4-19 所示的"输入"选项卡。

8）在编辑框中输入签名。

9）单击"字体"下拉按钮，选择签名字体，单击"确定"按钮即可。

10）单击"手写"选项卡，如图 4-20 所示。

图 4-19　输入签名

图 4-20　手写签名

11）在手写面板上按住鼠标左键，移动鼠标，手写签名。

12）设置手写笔的线宽，单击"确认"按钮，创建签名完成。

创建过的签名会被存储起来，后续使用时可在签名列表中找到之前创建过的签名。

2．插入签名

新建签名成功或者从签名列表中选择签名后，进入插入签名操作，鼠标指针会被替换成需要插入的签名内容，可以移动鼠标来确定插入签名的位置。插入签名后，可以进一步设置签名所应用的页码范围。以插入前面的输入签名为例，操作步骤如下：

1）单击"插入"选项卡中的"PDF 签名"按钮，弹出签名列表面板。如图 4-21 所示，单击输入签名。

图 4-21　签名列表面板

2）开始进入插入签名流程，鼠标指针变为输入签名的文字。

3）移动鼠标到合适的位置，单击鼠标插入签名，如图 4-22 所示。插入后的签名处于编辑状态，此时的签名被调整框包围，在调节按钮上按住鼠标拖拽，可以调整签名大小；在签名区域按住鼠标拖拽，可以重新调整签名位置。

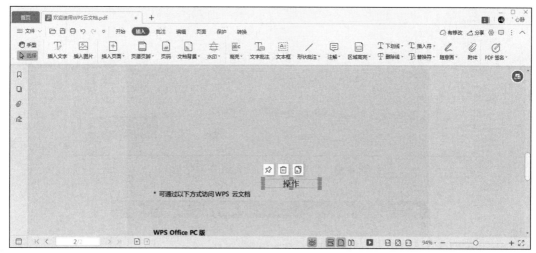

图 4-22　插入输入签名

4）在调整框顶部的签名工具栏上，单击"应用到多个页面"按钮 🔲，弹出"签名应用范围"对话框，设置此签名应用的页面范围，单击"确定"按钮。

5）在调整框顶部的签名工具栏上，单击"嵌入文档"按钮 📌，将当前签名嵌入到当前页面中。

4.1.6　PDF 格式转换

1．PDF 转 Word 格式

把 PDF 文件转 Word 格式，可以将 PDF 文件转换成 DOCX、DOC、RTF 三种格式。PDF 转 Word 格式的操作步骤如下：

（1）单击"开始"选项卡（或"转换"选项卡）。

（2）单击"PDF 转 Office"下拉列表中的"PDF 转 Word"命令（或"转换"选项卡下的"PDF 转 Word"按钮），弹出"金山 PDF 转 Word"对话框，如图 4-23 所示。

（3）如果需要将多份 PDF 文件同时转成 Word 格式，则单击"添加文件"按钮，选择其他 PDF 文件。如果不需要，则忽略此步骤，默认是转换当前打开的 PDF 文件。

（4）设置需要转换的页面范围。在"操作页面范围"下方，设置 PDF 文件中需要转换成 Word 格式的页面范围。

（5）设置输出格式。单击下拉列表，选择输出格式，共有 docx、doc、RTF 三种选项。

（6）设置输出目录。单击"…"按钮，打开"选择文件夹"对话框，设置转换生成的 Word 文档的路径。

（7）单击"设置"按钮，弹出"设置"对话框，如图 4-24 所示。

图 4-23　"金山 PDF 转 Word" 对话框

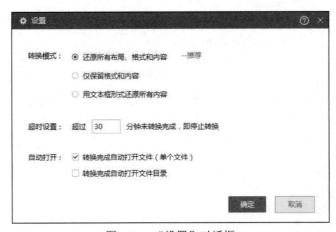

图 4-24　"设置" 对话框

1）设置转换模式。共有 3 种模式：还原所有布局、格式和内容；仅保留格式和内容；用文本框形式还原所有内容。默认选择"还原所有布局、格式和内容"。

2）设置超时时间。默认是 30 分钟，超出时间则停止转换。

3）设置转换完成后的操作。转换完成后是自动打开文件或自动打开文件目录，默认不执行任何操作。

4）单击"确定"按钮保留设置，单击"取消"按钮取消设置。

（8）如果 PDF 文件为扫描件，则可以在图 4-23 中勾选"提取图片中的文字"复选框，可以智能识别图片中的文字。

（9）单击"开始转换"按钮，执行 PDF 转 Word 操作。

2. PDF 文件转 Excel 格式

把 PDF 文件转换成 Excel 格式，操作步骤如下：

（1）单击"转换"选项卡中的"PDF 转 Excel"按钮，弹出"金山 PDF 转 Word"对话框，默认打开"PDF 转 Excel"选项卡，如图 4-25 所示。

图 4-25 "PDF 转 Excel"选项卡

（2）单击对话框中的"设置"按钮，弹出"设置"对话框，如图 4-26 所示。在对话框中可以设置转换的超时时间，默认是 30 分钟，超出时间则停止转换。可以设置转换完成后的操作，支持转换完成后自动打开文件和自动打开文件目录，默认不执行任何操作。设置合并方式：多页面合成一个工作表；每页转换成一个工作表，默认每页转换成一个工作表。单击"确定"按钮。

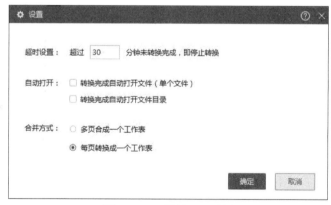

图 4-26 "设置"对话框

（3）设置输出目录。设置转换生成的 Excel 文档的路径。

（4）单击"开始转换"按钮，执行 PDF 转 Excel 的操作。

3. PDF 转 PowerPoint 格式

把 PDF 文件转 PPT 格式，操作步骤如下：

（1）单击"转换"选项卡中的"PDF 转 PPT"按钮，弹出"金山 PDF 转 Word"对话框，默认打开"PDF 转 PPT"选项卡。

（2）单击对话框中的"设置"按钮，弹出"设置"对话框，在对话框中可以设置转换的超时时间；可以设置转换完成后的动作，支持转换完成后自动打开文件和自动打开文件目录，默认不执行任何操作。

（3）设置输出目录。设置转换生成的 PPT 文档的路径。

（4）单击"开始转换"按钮，执行 PDF 转 PPT 操作。

4．PDF 转图片

把 PDF 页面转为图片，可以输出 JPG、PNG、BMP、TIF 四种格式，可以设置输出图片的分辨率。PDF 转图片的操作步骤如下：

（1）单击"转换"选项卡中的"PDF 转图片"按钮，弹出"输出为图片"对话框，如图 4-27 所示。

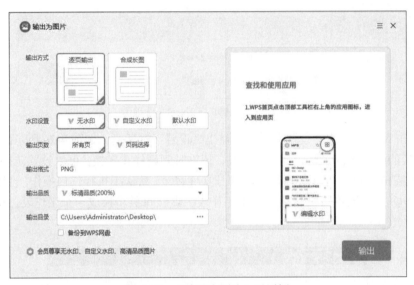

图 4-27　"输出为图片"对话框

（2）设置输出方式。目前支持两种输出方式：

1）逐页输出，一个页面一张图片；

2）合成长图，所有页面合并成一张长图。默认是逐页输出。

（3）设置需要的水印。

（4）设置需要输出为图片的页面范围。单击"页码选择"按钮，自定义页码范围，默认是 PDF 文件的所有页面。

（5）设置输出格式。有 JPG、PNG、BMP、TIF 四种图片格式。

（6）设置输出品质（图片的分辨率）。最高支持 6 倍的分辨率。

（7）设置输出目录。

（8）单击"输出"按钮，开始输出图片。

4.1.7　PDF 文件压缩和打印

1．PDF 文件压缩

由于 PDF 文件可以包含文本、图片、多媒体等内容，再加上不易修改性和安全性，在很多场景中都可以充当内容载体。PDF 文件在存储空间上或者上传下载耗费的流量很多，把 PDF 文件压缩能够在一定程度上减少消耗。压缩 PDF 文件的操作步骤如下：

（1）单击"开始"选项卡中的"压缩"按钮，弹出"金山 PDF 压缩"对话框，如图 4-28 所示。

图 4-28　"金山 PDF 压缩"对话框

　　（2）设置批量压缩效果。由于 PDF 图片资源占存储空间较大，所以按图片的高清等级划分为 3 个压缩级别：

　　1）高清：压缩力度最小。

　　2）标准：压缩力度中等。

　　3）普通：压缩力度最大。

　　由于图片压缩过度会有失真的问题，所以默认设置为标准等级。

　　（3）如果需要压缩其他的 PDF 文件，则单击"添加文件"按钮添加。

　　（4）添加多个文件后，同时压缩，可以批量设置所有文件需要压缩的等级。同时也可以单击"自定义"按钮，弹出"自定义图片分辨率"对话框，如图 4-29 所示，自定义压缩等级。

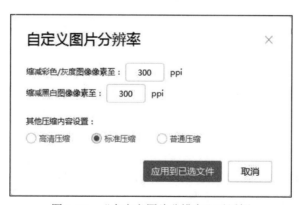

图 4-29　"自定义图片分辨率"对话框

　　1）自定义设置缩减彩色/灰色、黑白色图片的像素。

　　2）设置其他压缩内容的压缩等级。

　　3）根据前面的设置，单击"应用到已选文件"按钮保留设置，或单击"取消"按钮取消设置。返回"金山 PDF 压缩"对话框。

　　（5）设置压缩后的 PDF 文件输出路径。

　　（6）单击"开始压缩"按钮，开始压缩 PDF 文件。

2．PDF 文件打印

PDF 文件具备跨平台、跨系统显示的一致性，在打印时也能保证排版的一致性，所以 PDF 文件在印刷行业得到了广泛的应用。WPS 中的 PDF 文件打印操作步骤如下：

（1）按 Ctrl+P 组合键，或者在文件显示区域右击，弹出快捷菜单，单击"打印"按钮，弹出"打印"对话框，如图 4-30 所示。

图 4-30　"打印"对话框

（2）单击"打印机"下拉按钮，选择打印机，默认为系统默认打印机，单击"属性"按钮，弹出已选打印机的设置界面。

（3）在"份数"输入框设置全局的打印份数，勾选"灰度打印"复选框设置打印颜色为灰度。

（4）设置打印的页面范围。默认是打印文件的所有页面。

（5）设置打印方式。目前支持 3 种：

1）一张一页方式，单击"页面大小"选项卡，设置页面在纸张上的大小。

2）一张多页方式，单击"一张多页"选项卡，设置一张纸上的行列数，以及在一张纸上的页面排列顺序。

3）小册子方式，单击"小册子"选项卡，设置打印的范围是双面、正面还是反面，可以设置装订线位置。如果打印机支持双面打印，界面上会出现"使用双面打印"复选框，并且支持长边翻转和短边翻转。

（6）单击"纸张"下拉按钮，列出当前打印机支持的所有纸张尺寸，并可以设置纸张方向。默认值是打印机设置的默认纸张尺寸，方向为纵向。

（7）单击"更多设置"按钮，可以设置页边距和页面内容排列等，如图 4-31 所示。

图 4-31　"更多设置"界面

（8）调节上、下、左、右 4 个方向的页边距，设置页面在纸张中的位置和大小。

（9）勾选"自动居中"复选框，将页面在设置完页边距之后，自动居中；勾选"自动旋转"复选框，可以让页面在纸张上最大化平铺。

（10）单击"打印内容"下拉按钮，选择要打印的内容。打印"文档与批注"是将文字和批注都打印出来；打印"仅文档"是将页面内容打印出来，批注不打印；打印"仅表单"是只打印填写到表单中的内容。默认打印内容是文档与批注。

（11）勾选"打印注释内容"复选框，打印程序打印完页面内容之后，会将页面中的所有注释内容重新排版并打印出来。

（12）单击"打印"按钮，进行打印。

4.2　PDF 文件批注

添加批注是 PDF 文件阅读过程中非常重要的修订、辅助说明的功能。用户可以对文本、区域等页面内容添加批注。在 PDF 中，可以添加文字批注和文本框批注，还可以添加其他的批注类型，也可以设置批注的完成状态，如接受、完成、拒绝等。

4.2.1　高亮批注

1. 文本高亮

文本高亮是指对选中的文本添加覆盖色，高亮显示，起到重点标注的作用。文本高亮只作用于选中的文本，默认文本高亮颜色为黄色。

（1）添加文本高亮。通过"选中文字"工具栏可以较为快捷地设置高亮文本，操作步骤如下：

1）单击"开始"选项卡中的"选择"按钮，进入选择模式。如果已经选中，则可以忽略此步。

2）拖动鼠标左键选定要高亮的文本，松开鼠标左键，弹出"选中文字"工具栏，如图 4-32 所示。

3）单击"选中文字"工具栏中的"高亮"按钮，选定的文字则用黄色显示。

如果在阅读过程中，需要连续对文本进行高亮操作，单击"批注"选项卡中的"高亮"按钮，进入文本高亮模式，在文本高亮模式下，选中文本时就会自动将文本区域高亮显示。按Esc 键，或者再次单击"高亮"按钮，可以退出文本高亮模式。

图 4-32　文本高亮

（2）修改高亮属性。文本高亮批注属性包含高亮颜色、高亮透明度等。修改属性的操作步骤如下：

1）选中高亮的文本，右击，弹出快捷菜单，如图 4-33 所示。

2）单击"设置批注框属性"命令，弹出"注释属性"对话框，如图 4-34 所示。

图 4-33　修改属性

图 4-34　"注释属性"对话框

3）设置高亮颜色，单击色块，弹出"选择颜色"对话框。默认为黄色。

4）在"选择颜色"对话框中选好颜色后单击"确定"按钮，设置高亮颜色。

5）设置高亮透明度。可以输入不透明度百分比，或者拖动滑块设置不透明度。默认是不透明。

6）勾选"设置当前属性为默认"复选框，将步骤 3）～5）中设置的属性值变为全局的文本高亮属性。如果不勾选，则本次设置的属性只对当前文本高亮批注有效。

7）单击"确认"按钮，完成属性设置。

（3）删除文本高亮。在需要删除的高亮文本上，单击，选中批注。右击，弹出快捷菜单，单击"删除"命令，或者直接按 Delete 键删除。

2. 区域高亮

区域高亮是指在页面任意区域添加覆盖色并高亮显示，起到重点标注的作用。

添加区域高亮操作步骤如下：

（1）单击"批注"选项卡中的"区域高亮"按钮，进入区域高亮模式。

（2）如果需要重新设置高亮颜色，单击"区域高亮"下拉按钮，弹出"选择颜色"面板，选择高亮颜色。

（3）按住鼠标左键从页面上拖动，选择需要高亮的区域后，松开鼠标左键，区域高亮操作完成。

4.2.2　注解、文本框和文字批注

1. 注解

可以在页面任意位置添加解释。由于注解只是一个记号，用于标识此处有注释用于辅助理解，所以在添加注解时会自动弹出注释框，用于快速输入注释。

（1）添加注解。添加一个注解，如图 4-35 所示，操作步骤如下：

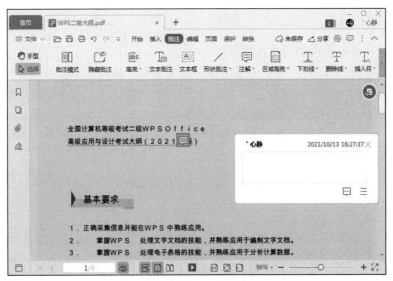

图 4-35　添加注解

1）单击"批注"选项卡下的"注解"按钮，进入添加注解状态。如果需要设置注解的颜色，可单击"注解"下拉按钮，弹出"选择颜色"面板，选择注解颜色。

2）在页面上需要添加注解的位置单击，弹出注释框，如图 4-35 所示，进入注释编辑状态，输入注释。

（2）修改注解属性。在注解属性中可以设置样式属性。操作步骤如下：

1）选中注解，右击，弹出快捷菜单，如图 4-36 所示。

2）单击快捷菜单中的"设置批注框属性"命令，弹出"注释属性"对话框，如图 4-37 所示。

3）选择需要的样式。

4）单击色块，弹出"选择颜色"对话框，设置注解颜色。默认为黄色。

5）在"选择颜色"对话框中，选好颜色后单击"确定"按钮。

6）输入不透明度百分比，或者拖动滑块设置不透度。默认是不透明。

7）勾选"设置当前属性为默认"复选框是将步骤 3）～6）中设置的属性值变为全部的注解属性。如果不勾选，则本次设置的属性只对当前注解有效。

8）单击"确认"按钮，完成属性设置。

图 4-36　注释快捷菜单

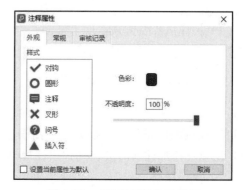

图 4-37　"注释属性"对话框

2．文本框

文本框包含文本框边框和文本框编辑区。

（1）插入文本框。在页面任意位置可以插入文本框。插入文本框的具体操作步骤如下：

1）单击"批注"选项卡中的"文本框"按钮。自动切换到"文本工具"选项卡。

2）在需要插入文本框的位置单击插入文本框。

3）新插入的文本框会自动进入内容编辑状态，快速输入内容。如图 4-38 所示。

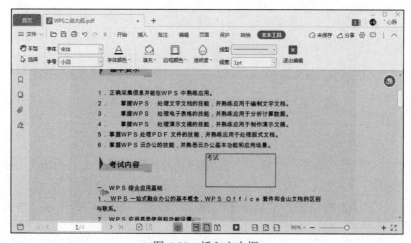

图 4-38　插入文本框

（2）编辑文本框。在如图 4-38 所示的"文本工具"选项卡中包含了文字属性设置、文本框样式和退出文本框编辑 3 类功能区，在已有的文本框上单击，自动切换到"文本工具"选项卡，进入文本框编辑状态，单击"退出编辑"按钮或者按 Esc 键可以退出文本框编辑状态。

3. 文字批注

文字批注默认不含边框，在任意位置添加文字都可以设置字体、字号、字体颜色。

（1）插入文字批注。文字批注可以在页面任意位置插入，插入文字批注的步骤如下：

1）单击"批注"选项卡中的"文字批注"按钮，自动切换到"批注工具"选项卡。

2）在需要插入文字批注的位置上单击，插入文字批注。

新插入的文字批注会自动进入内容编辑状态，便于快速输入内容。文字批注大小会跟随输入内容的多少而自动调整。如图 4-39 所示。

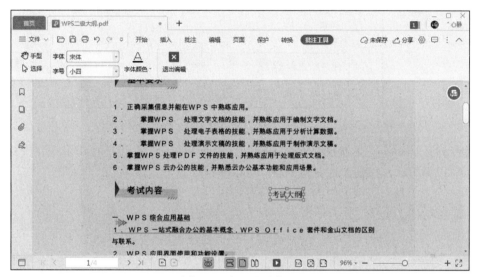

图 4-39　插入文字批注

（2）编辑内容及其属性。利用如图 4-39 所示的"批注工具"选项卡中的按钮，可以调整文字的字体、字号、颜色等属性。

4.2.3　形状和随意画批注

1. 形状批注

在页面任意位置，可以对页面内容进行画线标注或者框选来添加形状批注。形状一般都由直线或曲线组合而成，如矩形有 4 条直线以 90° 夹角首尾相连得到。

WPS PDF 中预设了 4 种类型的形状批注：

1）线段类型：直线和箭头两种；

2）常用形状：矩形和椭圆两种；

3）闭合形状：多边形和云朵两种；

4）自定义图形。

（1）添加形状批注。添加形状批注的操作步骤如下：

1）单击"批注"选项卡中的"形状批注"按钮，进入添加形状批注模式。

2）单击"形状批注"下拉按钮，弹出"形状批注"下拉列表。默认添加的形状批注是直线形的。

3）在"形状批注"下拉列表中选择需要的形状批注，如图 4-40 所示。

4）在页面上需要添加形状批注的位置添加形状批注。不同的形状批注在页面添加过程中鼠标操作方式不尽相同，但可以笼统理解为两次鼠标单击是连接一个线段，直到对应的形状完成。

（2）编辑形状批注。编辑形状批注包括调整形状、位置以及更改批注样式等。单击形状批注上任意位置的线段，自动切换到"绘图工具"选项卡，如图 4-41 所示。

图 4-40　添加形状批注　　　　　　　　图 4-41　编辑形状批注

选中批注，此时会在形状批注线段顶点上显示调节按钮，在调节按钮上按住鼠标左键，拖动鼠标可以调形状，按住鼠标左键拖动，可以移动批注位置。

利用"绘图工具"选项卡中的"线型"等按钮更改形状样式。

2. 随意画

随意画的操作比形状批注简易很多，可以快速对页面内容进行标记。随意画可以设置线条的颜色、不透明度、线段粗细 3 个属性。WPS PDF 中提供了画曲线、画横线、画竖线 3 种类型。

4.2.4　下划线和删除线批注

1. 下划线

WPS PDF 中"选中文字"工具栏可以较为快捷地添加下划线，操作步骤如下：

（1）单击"批注"选项卡中的"选择"按钮，进入选择模式。如果已经选中，则可以忽略此步。

（2）按住鼠标左键拖动，选中需要添加下划线的文本后，松开鼠标左键，弹出"选中文字"工具栏。

（3）单击"选中文字"工具栏中的"下划线"按钮。

如果在阅读过程中，需要不停地给文本添加下划线。单击"批注"选项卡中的"下划线"按钮，进入添加下划线模式。在这个模式下，选中文本后，自动为选中的文本添加下划线。

2. 删除线

在选中的文本中间部位添加直线，起到提醒已删除的作用，默认的删除线颜色为红色。删除线只能作用于选中的文本，利用 WPS PDF 中的快捷菜单可以快速添加删除线。操作步骤如下：

（1）单击"批注"选项卡中的"选择"按钮，进入选择模式。如果已经选中，则可以忽略此步。

（2）按住鼠标左键拖动，选中需要添加下划线的文本后，松开鼠标左键，右击，单击快捷菜单中的"删除线"命令。

如果在阅读过程中，需要不停地给文本添加删除线，单击"批注"选项卡中的"删除线"按钮，进入添加删除线模式。

4.2.5　插入符和替换符批注

1. 插入符

在两字符之间添加插入符，达到提醒补充内容的目的。添加一个插入符的操作步骤如下：

（1）单击"批注"选项卡中的"插入符"按钮，进入添加插入符状态。

（2）如果需要重新设置注释的颜色，可单击"插入符"下拉按钮，弹出"选择颜色"面板，选择插入符的颜色。

（3）在页面上需要添加插入符的字符上，单击鼠标，添加插入符。

（4）弹出注释框，并进入注释编辑状态，输入注释。如图 4-42 所示。

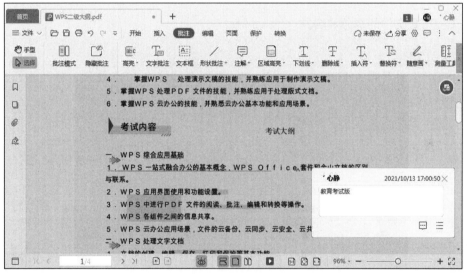

图 4-42　添加插入符

2. 替换符

添加一个替换符的具体操作步骤如下：

（1）单击"批注"选项卡中的"选择"按钮。

（2）按住鼠标左键在要标记替换的文本上拖动。

（3）单击"替换符"按钮。如图 4-43 所示。

在选中的文本区域中间会自动添加删除线和插入符，同时会自动弹出注释框，并进入注释编辑状态，输入替换后的内容。

如果在阅读过程中，需要不停地添加替换符，则可以单击"批注"选项卡中的"替换符"按钮，进入添加替换符模式，在该模式下，选中文本后会自动为选中的文本添加替换符。

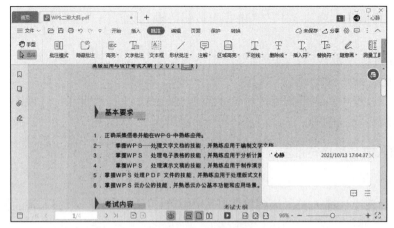

图 4-43　添加替换符

4.3　PDF 文件编辑

编辑 PDF 文件包括页面的编辑和页面内容的编辑。编辑 PDF 文件需要 WPS 会员特权。

4.3.1　PDF 文件的拆分和合并

1. 拆分 PDF 文件

拆分 PDF 文件是指将 PDF 文件中指定的页面拆分成多个 PDF 文件，分为逐页拆分和选择页面范围拆分。

（1）逐页拆分。逐页拆分是指将文件按照固定页数间隔，拆分成多个 PDF 文件。操作步骤如下：

1）单击"页面"选项卡中的"PDF 拆分"按钮，弹出"金山 PDF 转换 Word"对话框。如图 4-44 所示。

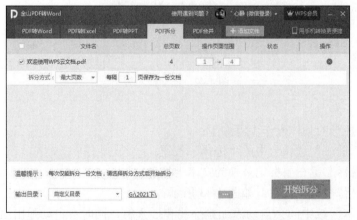

图 4-44　"金山 PDF 转换 Word"对话框"PDF 拆分"选项卡

2）默认拆分的是当前打开的 PDF 文件。如果还需要对其他文件进行拆分，单击"添加文件"按钮，添加其他 PDF 文件，如果不需要，忽略此步。

3）在"操作页面范围"下方输入需要拆分的页面范围，默认是全文。

4）在"每隔"后的输入框中设置逐页拆分的间隔页数，默认值是 1，表示一页生成一份 PDF 文件。

5）在"输出目录"中设置新拆分出来的 PDF 文件的本地存储路径。

6）单击"开始拆分"按钮，执行拆分操作。

（2）选择页面范围拆分。选择页面范围拆分是指将文件按照选择的页面拆分为多个 PDF 文档。

操作步骤与逐页拆分类似，不同的是，如图 4-45 所示，在"拆分方式"下拉列表中选择"选择范围"，再设置需要拆分的页码，如 1-3，即把第 1 页到第 3 页拆分为一个 PDF 文件。单击"开始拆分"按钮，执行拆分操作。

图 4-45　选择页面范围拆分

2. PDF 文件的合并

合并 PDF 文件是指将多份 PDF 文件合并成一份 PDF 文件。操作步骤如下：

1）单击"页面"选项卡中的"PDF 合并"按钮，弹出"金山 PDF 转换 Word"对话框。

2）单击"添加文件"按钮，添加需要与当前文件合并的 PDF 文件。

3）在输入框中设置每个文件需要合并的页面范围，默认都是全文合并。

4）设置合并后新的 PDF 文件名称。如图 4-46 所示。

图 4-46　合并 PDF 文件

5）设置新合并出来的 PDF 文件的本地存储路径。

6）单击"开始合并"按钮，执行合并操作。

4.3.2　页面增删

1. 插入页面

（1）插入空白页面。WPS PDF 文件可以在文件首、文件尾和任意页面处插入空白页，插入的空白页可以设置尺寸、方向。插入空白页面的操作步骤如下：

1）单击"页面"选项卡。

2）设置要插入空白页的位置。有 3 种设置位置的方式：

● 在文件显示区域中，在需要插入的页面上单击选中该页面；如果需要多选页面，则按住 Ctrl 键不放，单击。

● 单击页面范围 右侧下拉按钮，弹出下拉列表，选择奇数页面、偶数页面、纵向页面、横向页面和全部页面。

● 在页面范围 中输入自定义页码，如输入"2,5,8-10"，系统会选中第 2 页、第 5 页和第 8～10 页共 5 个页面。

3）单击"插入页面"下拉按钮。

4）在"插入类型"下拉列表中单击"空白页"命令，弹出"插入空白页"对话框，如图 4-47 所示。

图 4-47　插入空白页面

5）设置空白页大小，默认是 A4 大小，在"页面大小"下拉列表中选择常用的尺寸，或在"页面宽度"和"页面高度"输入框中设置空白页尺寸，单位是毫米。

6）设置空白页的方向，是竖向插入还是横向插入，默认是竖向插入。

7）设置插入空白页的数量，默认值为 1。

8）设置插入空白页的位置。与 2）的目的相同，在界面上额外加了"文档开头"和"文档末尾"两个快捷设置，默认是 2）中设置的值。

9）设置插入位置。空白页在选择页之前还是之后插入，默认是在选择页之后插入。

10）单击"确定"按钮，完成空白页的插入。

（2）从其他文件插入页面。可以在 WPS PDF 文件首、文件尾和任意页面位置插入 PDF、TXT 和图片 3 种格式的文件页面。从其他文件插入页面的操作步骤如下：

1）单击"页面"选项卡。

2）设置插入其他文件页面的位置。

3）单击"插入页面"下拉按钮。

4）单击"插入类型"下拉列表中的"从文件选择"命令，弹出"选择文件"对话框，选择要插入的文件，单击"打开"按钮，弹出"插入页面"对话框，如图 4-48 所示。

5）设置插入的页面范围，默认是全部页面。

6）设置插入位置。插入的页面在选择页之前还是之后插入，默认是在选择页之后插入。

7）单击"确定"按钮，插入其他文件页面。

2. 删除页面

删除 PDF 文件中指定的页面。具体操作步骤如下：

1）单击"页面"选项卡。

2）设置要删除的页面范围。

3）单击"删除页面"按钮，弹出"删除页面"对话框，如图 4-49 所示。

图 4-48 从其他文件插入页面

图 4-49 删除页面

4）设置要删除的页面范围。默认删除当前所选页，也可以重新自定义页面范围，如输入"1,3-4"，表示删除第 1 页、第 3 页和第 4 页共 3 个页面。

5）单击"确定"按钮，删除指定的页面。

3. 替换页面

用其他 PDF 文件中的页面替换当前 PDF 文件的页面，被替换的页面必须是单页或者连续页集合。操作步骤如下：

1）单击"页面"选项卡。

2）设置要替换的页面。

3）单击"替换页面"按钮，弹出"选择来源文件"对话框，选择文件，单击"打开"按钮，弹出"替换页面"对话框，如图 4-50 所示。目前只支持选择 PDF 类型的文件。

4）设置被替换的页面。

5）设置替换当前 PDF 页面的源文件及其页面范围。

6）单击"确认替换"按钮，完成页面的替换。

4. 提取页面

提取当前打开的 PDF 文档中部分页面重新生成 PDF 文件。提取页面的具体操作步骤如下：

1）单击"页面"选项卡。

2）设置需要提取的页面范围。

3）单击"提取页面"按钮，弹出"提取页面"对话框。如图 4-51 所示。

图 4-50　替换页面

图 4-51　提取页面

4）设置提取页面所生成 PDF 文件的方式。支持"将所选页提取为一个 PDF 文件"和"每个页面生成独立的 PDF 文件"两种方式，默认是"将所选页提取为一个 PDF 文件"。

5）设置需要提取的页面。

6）设置提取的 PDF 文件是否需要添加水印。支持保密、绝密和严禁复制 3 种水印，默认是不添加水印。

7）设置提取的 PDF 文件的输出目录。

8）设置是否将提取的页面从原文件中删除，默认是不勾选复选框。

9）单击"提取页面"按钮，提取页面生成 PDF 文件。

4.3.3　页面调整

1. 移动页面

PDP 文件中，利用移动页面功能可以调整页面顺序。具体操作步骤如下：

1）单击"页面"选项卡。

2）设置需要移动位置的页面集合。

3）在任意一个选中的页面上按下鼠标左键，拖动鼠标到合适的新位置，松开鼠标左键，移动页面成功，如果合适的位置不在当前文件显示区域内，在鼠标拖动过程中，可以将鼠标移动至文件显示区域的上、下边缘触发页面滚动或者利用鼠标滚轮前后滚动页面。

2．旋转页面和旋转文档

（1）旋转页面。旋转页面是指旋转指定的 PDF 页面，一共有 4 个方向：0°、90°、180°、270°，WPS PDF 中用顺时针 90°和逆时针 90°来设置页面的不同方向。旋转页面的操作步骤如下：

1）单击"页面"选项卡。

2）设置需要旋转的页面集合。

3）单击"顺时针"按钮，以顺时针方向 90°旋转选中的页面。可重复单击调整页面的 4 个方向。

4）单击"逆时针"按钮，以逆时针方向 90°旋转选中的页面。可重复单击调整页面的 4 个方向。

（2）旋转文档。旋转 PDF 文件中的所有页面。操作步骤如下：

1）单击"页面"选项卡。

2）单击"旋转文档"按钮，以顺时针方向 90°旋转所有页面。可重复单击调整所有页面的 4 个方向。

3．裁剪页面

裁剪页面是指将 PDF 页面中部分内容裁剪出来。操作步骤如下：

1）单击"编辑"选项卡。

2）单击"裁剪页面"按钮，此时，在裁剪区域的 4 个顶点和 4 条边上分别分布着一个调节按钮，通过拖动调节按钮可以调节在 8 个方向上的裁剪区域。如图 4-52 所示。

图 4-52　裁剪页面

3）单击"选区调整"按钮，弹出选区调整面板，在"选区调整"面板中可以设置裁剪区域与原页面的页边距。

4）在设置完剪切区域后，单击"页面范围"按钮，弹出"页面范围"面板，在其中可以将当前设置的剪切区域应用到其他指定的页面中。如果裁剪区域是智能选区，则其他指定页面的裁剪区域也会进行智能选区操作。

5）单击"完成"按钮，完成裁剪操作。

退出裁剪页面模式，可以按 Esc 键或者再次单击"裁剪页面"按钮。

4. 分割页面

分割页面是将一个 PDF 页面拆分成多个页面，常用于多行多列排版的页面。操作步骤如下：

1）单击"编辑"选项卡。

2）单击"分割页面"按钮，进入分割页面模式，默认会在页面横向和竖向各添加一条分割线对页面进行平均分割。在分割线上按住鼠标左键拖动，可以调节该分割线的位置。

3）单击"添加分割线"按钮，弹出添加分割线面板，添加分割线。

4）在添加分割线面板中，设置横向和竖向分割线的数量及规则如下：

● 指定分割线数量，在该方向上进行平均分割。

● 指定分割线间距，在该方向上每隔相应间距添加一条分割线。

● 如果要删除分割线，则在对应分割线上单击，选中分割线，单击"删除分割线"按钮或者按 Delete 键进行删除。

5）单击"页面设置"按钮，弹出页面设置面板。在页面设置面板中可以做以下操作：

● 指定应用当前分割线规则的页面范围，默认是当前页。

● 设置批量调整还是仅当前页调整，后续对当前页调整分割线时，是将新调整的分割线规则应用于已指定的所有页面中，还是仅仅应用于当前页，默认是批量调整。

● 对被分割页面的处理，可以选择删除或保留原页面，默认是删除原页面。

6）单击"立即分割"按钮，执行分割操作。

退出分割页面模式，可以按 Esc 键或者单击"退出分割"按钮。

5. 页眉/页脚

页眉位于页面的顶部区域，常用于显示文档的附加信息，可以插入时间、文档标题、文件名或作者姓名等。页脚位于页面的底部区域，可以在页脚中插入文本，例如页码、日期、文档标题、文件名或作者名等。

（1）添加页眉/页脚。页眉/页脚区域分为左侧区域、中间区域、右侧区域，用户可以分别对各个区域设置不同的文本内容及字体和字号。在页眉/页脚中可以设置页边距，及其应用页码范围。添加页眉/页脚的操作步骤如下：

1）单击"插入"选项卡。

2）单击"页眉页脚"下拉按钮，弹出下拉列表。

3）单击下拉列表中的"添加页眉页脚"命令，弹出"添加页眉页脚"对话框。如图 4-53 所示。

4）可以选择左侧区域、中间区域、右侧区域，每个区域都可以独立设置页眉内容。

5）根据步骤 4）中设置的页眉区域，编辑其内容。可以通过步骤 9）、10）快速插入当前日期和页码，也可以通过步骤 8）设置内容的字体和字号。

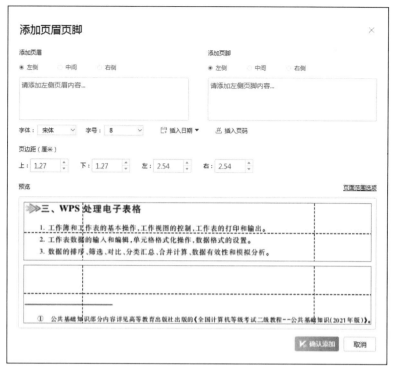

图 4-53　添加页眉页脚

6）可以选择左侧区域、中间区域、右侧区域，每个区域都可以独立设置页脚内容。

7）根据步骤 6）中设置的页脚区域，编辑其内容。可以通过步骤 9）、10）快速插入当前日期和页码，也可以通过步骤 8）设置内容的字体和字号。

8）设置页眉/页脚中内容的字体和字号。

9）单击"插入日期"按钮，选择日期格式，快速插入当前日期。

10）单击"插入页码"按钮，弹出"插入页码"对话框，设置页码的起始数和页码格式，默认起始页面是 1，默认格式为"1,2,3..."。如图 4-54 所示。

11）设置页眉/页脚距离页面边界的边距。上边距作用于页眉，下边距作用于页脚，左边距作用于左侧区域页眉/页脚，右边距作用于右侧区域页眉/页脚。

12）单击"页面范围选项"按钮，弹出"页面应用范围"对话框，设置本次页眉/页脚应用的页面范围。如图 4-55 所示。

图 4-54　"插入页码"对话框

图 4-55　"页面应用范围"对话框

13）单击"确认添加"按钮，完成页眉/页脚的添加操作。

（2）更新页眉/页脚。更新页眉/页脚是把已经添加好的页眉/页脚进行更新，操作步骤如下：

1）单击"插入"选项卡。

2）单击"页眉页脚"下拉按钮，弹出下拉列表。

3）单击下拉列表中的"更新页眉页脚"按钮，弹出"更新页眉页脚"对话框。"更新页眉页脚"对话框与"添加页眉页脚"对话框操作相同。

（3）删除页眉页脚。删除现有的页眉/页脚，操作步骤如下：

1）单击"插入"选项卡。

2）单击"页眉页脚"按钮，弹出下拉列表。

3）单击下拉列表中的"删除页眉页脚"按钮，弹出"删除"确认框，单击"确认"按钮即可删除页眉页脚。

6. 添加页码

可以在页眉/页脚区域添加页码，设置页码样式、字号、页边距等。操作步骤如下：

1）单击"插入"选项卡中的"页码"按钮，弹出"添加页码"对话框。如图 4-56 所示。

图 4-56 添加页码

2）设置页面范围，有全部页面、从当前页开始、仅在当前页添加和自定义页面范围 4 种。

3）设置页码样式、起始页码、字号。

4）设置页码位置。可以设置放在页眉或页脚。

5）设置页码对齐方式。可以设置"左对齐""居中""右对齐"3 种对齐方式。

6）设置页边距。上边距作用于位于页眉的页码，下边距作用于位于页脚的页码，左边距作用于左对齐的页码，右边距作用于右对齐的页码。

7）单击"恢复默认设置"按钮，还原步骤 2）～6）中的所有设置。

8）单击"确定"按钮，完成添加页码操作。

4.3.4　页面内容编辑

PDF 页面内容最常见的是文本和图片，具有不易修改的特性，通常情况下只允许阅读，但在 WPS PDF 中，提供了编辑 PDF 文字和图片的能力。

1. 编辑文本

（1）添加文字。在页面任意位置可以添加文本内容，新添加的文字内容保留当前已设置的文字、段落属性。添加文字的操作步骤如下：

1）单击"插入"选项卡。

2）单击"插入文字"按钮，进入添加文字模式，默认是自动进入文字编辑模式。

3）在页面上需要添加文字的地方单击，添加段落框，并出现编辑光标，输入需要添加的文本内容。如图 4-57 所示。

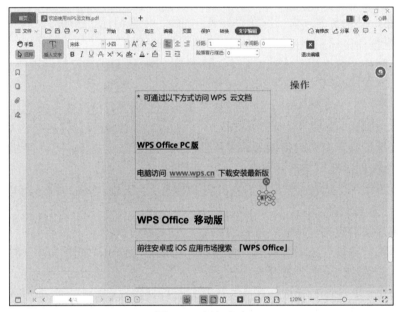

图 4-57　添加文字

（2）编辑文字。进入文字编辑模式的操作步骤如下：

1）单击"编辑"选项卡中的"编辑文字"按钮。

2）自动切换到"文字编辑"选项卡，进入文字编辑模式。

进入文字编辑模式后，系统会自动识别每一页中现有的文本段落，并用矩形段落框显示，可以利用鼠标单击段落边框激活段落框，进入文本编辑状态，激活的段落框可以通过调节按钮调节大小，也可以通过旋转按钮旋转。在段落框上按住鼠标左键拖动，可以在页面中移动段落。

"文字编辑"选项卡中提供了 4 类工具集：

● 插入文字功能，可以在页面上任意位置添加文本内容。

● 文字属性功能集，包含字体、字号、加粗、字体颜色等操作。

● 段落属性功能集，包含对齐方式、行距、字间距等操作。

● 退出编辑。

编辑图片

2. 编辑图片

利用编辑图片功能对 PDF 图片进行编辑。

（1）进入图片编辑模式。WPS PDF 中有两种方式可以进入图片编辑模式。

第一种方式：单击"选择"按钮，单击页面图片，选中图片，在图片右上角会出现悬浮的"编辑图片"按钮 ，单击此按钮即可进入图片编辑模式。

第二种方式：单击"编辑"选项卡，单击"编辑图片"按钮，单击需要编辑的图片，选中图片，开始编辑。

在图片编辑模式下，会自动切换到"图片编辑"选项卡，此选项卡包含插入图片、图片转 PDF、提取图片、裁剪、旋转、翻转、替换图片、透明度、删除和退出编辑功能。

（2）编辑图片。在图片编辑模式下，单击需要编辑的图片，此时，图片会被调节框包围，在调节框 4 个顶点和 4 条边上分布着 8 个方向的调节按钮，在调节按钮上按住鼠标左键拖动，可调节图片大小。旋转调节框上方的旋转按钮，可以调节图片的旋转角度。调节框右边会悬浮一个快捷操作条，操作条中包含了旋转、裁剪、翻转、替换图片、透明度、删除、完成等操作按钮。在图片上按住鼠标左键拖动，可以在页面中移动图片。

（3）插入图片。可以插入本地电脑中的图片到 PDF 页面任意位置，支持 PNG、JPEG、JPG、JPE、BMP 五种格式。插入图片的操作步骤如下：

1）单击"插入"选项卡中的"插入图片"按钮，弹出"打开文件"对话框。

2）选择本地图片，单击"打开"按钮。

3）此时鼠标指针会变为将要插入的图片，在合适位置单击插入图片。新插入的图片处于编辑状态，可以根据需要调整图片属性。

（4）替换图片。选择本地图片，替换页面中的图片，支持 PNG、JPEG、JPG、JPE、BMP 五种图片格式，操作步骤如下：

1）进入图片编辑模式，将需要替换的图片处于编辑状态。

2）单击"图片编辑"选项卡中的"替换图片"按钮，弹出"打开文件"对话框。

3）选择本地图片，单击"打开"按钮。

4）系统会自动将原图替换成新图片，图片宽度保持跟原图一致。替换后，新替换的图片处于编辑状态，可以根据需要调整图片属性。

（5）裁剪图片。裁剪图片的显示区域。操作步骤如下：

1）在图片编辑模式下，单击需要编辑的图片。

2）单击"图片编辑"选项卡中的"裁剪"按钮。

3）调整图片大小。

4）单击快捷操作条上的"完成"按钮。

3. 擦除

利用"编辑"选项卡中的"擦除"工具可以擦除页面中的文本、批注、图片等内容。在擦除模式下，提供了矩形擦除和画线擦除两种方式。矩形擦除是指在页面中按住鼠标左键拖动，选定一块矩形区域，松开鼠标左键时，矩形区域的 PDF 内容被删除；画线擦除是指在页面中按住鼠标左键拖动，鼠标经过的 PDF 内容被擦除。擦除功能支持设置各种颜色，默认的擦除颜色是白色。

第 4 章　PDF 文件与云文档　129

4．文档背景

单击"编辑"选项卡中的"文档背景"下拉按钮，下拉列表中有"添加背景""更新背景"和"删除背景"命令，可以给文档添加、更新或删除"颜色"或"图片"背景。

4.4　云文档的操作

4.4.1　开启"文档云同步"

开启"文档云同步"的操作方法如下：

（1）单击文档右上角"未同步"按钮，在弹出的面板中单击"立即启用"按钮，如图 4-58 所示。

（2）在首页右上角单击"全局设置"中的"设置"命令，如图 4-59 所示，弹出"设置中心"操作界面，开启"文档云同步"，如图 4-60 所示。

图 4-58　开启"文档云同步"

图 4-59　全局设置

图 4-60　首页开启"文档云同步"

4.4.2 保存文档到云文档

保存云文档

可通过下列方法将文件保存到云文档。

1. 把电脑上的文件上传到云文档

操作步骤如下：

（1）单击"首页"→"我的云文档"→"添加文件到云"按钮，如图 4-61 所示。单击"添加文件"或"添加文件夹"命令，可以选择电脑上的文件或文件夹进行上传。

图 4-61　将本地文件添加到云

（2）在弹出的对话框中选择"我的电脑"，单击"打开"按钮。用户即可在当前的"我的云文档"目录内查看添加成功的文件或文件夹，如图 4-62 所示。

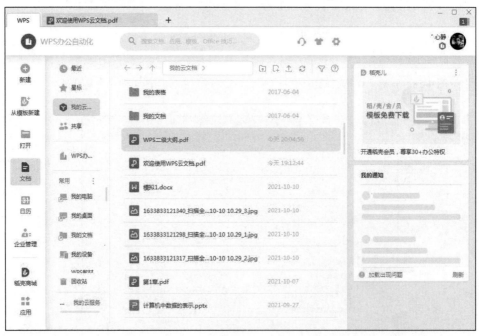

图 4-62　添加到云文档后的文件

2. 新建文件到云文档

操作步骤如下：

（1）单击"首页"，再单击"我的云文档"，单击"新建文件到云"按钮，再单击"新建文字""新建表格"或"新建演示"，如图 4-63 所示。

图 4-63　新建文件到云

（2）单击"新建文字"命令后，"我的云文档"列表中出现"文字文稿"文件。

3．把打开的文件保存到云文档

操作步骤如下：

（1）打开要保存到云文档的文件。将鼠标放在标题栏处，此时出现文件信息浮窗，单击"上传到云"按钮，如图 4-64 所示。或者右击标题栏处，单击快捷菜单中的"保存到 WPS 云文档"命令，如图 4-65 所示。弹出"另存文件"对话框。

图 4-64　利用浮窗上传到云

图 4-65　利用快捷菜单保存到 WPS 云文档

（2）设置好文件名称，单击"保存"按钮，即可把文件保存到我的云文档。

4.4.3　查找云文档

查找云文档可以利用如下方法：

（1）对于已经打开的文件，想要查找此文件的保存路径，将鼠标放在文件标题处，此时出现文件信息浮窗，在此处可以查看文件路径，单击即可快速定位此文件，如图 4-66 所示。

图 4-66　标题处查找云文档

（2）对于没有打开的文件，可以在"首页"的 WPS 搜索框中输入文件名或关键词，快速定位文件并打开。

（3）在"首页"中"我的云文档"或"最近"查看最近使用或保存的文件。

4.4.4　找回文件历史版本

我们在工作中常常需要不停编辑修改文件。保存过的文件被一遍遍编辑、修改、覆盖，甚至还建立了多个不同编号的文件。不仅占用空间，整理麻烦，查找历史记录也很不方便。WPS"文档云同步"功能可以完美避免这样的情况发生。

首先，打开 WPS，登录账号，在"首页"中单击"全局设置"→"设置"，在打开的"设置中心"开启"文档云同步"，开启后，文件保存时会同步到云端。

若我们想查找此文件之前的版本，只需要打开 WPS，登录账号。在"首页"选中此文件，右击，单击"历史版本"命令。便可看见按照时间排列的文档修改版本，还可以自由选择时间预览或直接恢复所需的版本，如图 4-67 所示。

图 4-67　历史版本

4.5　云文档分享与团队

4.5.1　云文档分享

使用 WPS 云分享，可以将文件以链接方式发送给他人，减少了因文件过大带来的传输时间过长等问题。还可以设置好友编辑权限、链接有效期、自定义关闭文件的分享权限，大大提高了文件传输的安全性。操作步骤如下：

（1）单击右上方"分享"按钮，此时弹出"分享文件"对话框，如图 4-68 所示。

（2）设置分享权限，例如任何人可查看、任何人可编辑、仅指定人可查看或编辑。

（3）单击"创建并分享"按钮即可生成分享文件链接。

图 4-68　"分享文件"对话框

4.5.2　查看和关闭分享文件

1. 查看分享文件储存位置

单击"首页"中文件名右边的"共享"按钮，在"共享给我"和"我的共享"处可以查看"我"分享给他人的文件和他人分享给"我"的文件，如图 4-69 所示。

图 4-69　查看分享文件

在右侧"文件类型筛选"处，可以对此目录下的文件类型进行筛选。例如，想快速找到"我"分享给他人的某一 PDF 文件。操作如下：

单击"我的共享"→"文件类型筛选"→"PDF"，这样就能快速筛选出此目录下的所有 PDF 文件。如图 4-70 所示。

图 4-70　按"文件类型筛选"

2. 关闭文件分享

当不再参与某个文件的共享协作时，单击该文件，在右侧侧边栏中标题下方单击"取消共享"按钮，这样该文件将不会出现在"我的云文档"列表中，也不会再接收到此文件更新的提示信息。

4.5.3 创建企业团队

在工作中，为了便于协作办公，我们可以通过建立团队来管理文件。

1. 创建企业

打开 WPS，鼠标移动到账号头像处，单击头像，打开如图 4-71 所示的个人中心。单击"创建企业，开启协作办公"按钮，根据提示创建企业。

图 4-71　开通企业版服务

2. 创建团队

创建好企业后，在"首页"的"文档"中，可以看到企业入口，单击企业名称，单击如图 4-72 所示的"新建团队"按钮。打开"新建团队"对话框，单击"普通团队"按钮，打开"普通团队"对话框，如图 4-73 所示，设置团队名和添加成员。

图 4-72　新建团队

图 4-73　"普通团队"对话框

4.5.4　WPS 协作模式

在工作中常常使用 WPS，当我们想进行远程协助、多人编辑时，可一键开启 WPS 的协作模式。单击"特色功能"选项卡中的"协作"按钮，此处可以发起协作。如图 4-74 所示。

图 4-74　"协作"按钮

协作文档需要上传至云端才可被其他成员访问、编辑，上传完毕后，进入协作编辑页面。

4.6　应用案例：PDF 文件与云操作

4.6.1　案例描述

（1）打开 wpsanli1.pdf 文件，进行下列操作：

1）删除第一页和最后一页。

2）在文件头部插入 wpsanli2.pdf 文件中的第 1 页。

3）在文件尾插入 wpsanli2.pdf 文件中的第 2 页及其后面所有页。

4）旋转文件中所有奇数页。

5）以 wps1da.pdf 文件名进行保存。

（2）打开 wpsanli3.pdf 文件，进行下列操作：

1）设置第 1 段文字"文本高亮"显示。

2）设置第 2 段文字"区域高亮"显示。

3）为第 3 段文字中的"下划线只能作用于选中的文本"添加下划线。

4）为第 4 段文字中的"起到提醒删除作废的作用"添加删除线。

5）在第 5 段文字结尾附近添加注解"在添加注解时会自动弹出注释框，便于快速输入注释"。

6）第 6 段文字中的"达到"后面添加插入符，并填写插入内容"补充内容"。

7）将第 7 段中的"下划线"文字用替换符标记替换为"插入符"。

8）在第 8 段结尾处插入一个文本框，内容为"文本框可以设置字体、字号、字体颜色"，并设置字体为隶书，字号为小二号，加粗。

（3）按照下列要求完成文档上传和恢复的操作。

1）新建一个文档，并保存到"我的云文档"中。

2）关闭文档，然后在"WPS 网盘"中找到刚才新建的文档，并对文档进行删除操作。

3）在云回收站中找到刚刚删除的文件，并对其进行恢复。

4.6.2　案例操作说明

（1）打开 wpsanli1.pdf 文件，然后进行下列操作：

1）删除第一页和最后一页。

①单击"页面"选项卡下的"删除页面"按钮，打开"删除页面"对话框。

②选中"自定义删除页面"并设置页面范围为"1,11"，单击"确定"按钮。

2）在文件头部插入 wpsanli2.pdf 文件中的第 1 页。

①单击"页面"选项卡下的"插入页面"按钮，单击"从文件选择"命令，打开"文件选择"对话框。

②在"文件选择"对话框中，选择 wpsanli2.pdf 文件，单击"打开"按钮。

③在打开的"插入页面"对话框中，在"页面范围"设置中选择"部分页面"，并在后面的输入框中输入"1"。

④在"插入到"设置中选择"文件开头"。

⑤单击"确认"按钮。

3）在文件尾插入 wpsanli2.pdf 文件中的第 2 页及其后面所有页。

①单击"页面"选项卡下的"插入页面"按钮，单击"从文件选择"命令，打开"文件选择"对话框。

②在"文件选择"对话框中，选择 wpsanli2.pdf 文件，单击"打开"按钮。

③在打开的"插入页面"对话框中，在"页面范围"设置中选择"部分页面"，并在后面的输入框中输入"2-11"。

④在"插入到"设置中选择"文件末尾"。

⑤单击"确认"按钮。

4）旋转文件中所有奇数页。

①单击"页面"选项卡下的"选择页面"下拉按钮，选择下拉列表中的"奇数页面"。

②单击"顺时针旋转"按钮。

5）以 wps1da.pdf 文件名进行保存。

按 Ctrl+S 组合键保存；或单击快速访问工具栏上的"保存"按钮。

（2）打开 wpsanli3.pdf 文件，然后进行下列操作。

1）用"文本高亮"功能显示第 1 段文字。

①单击"批注"选项卡中的"选择"按钮，进入选择模式。

②按住鼠标左键不放，拖动选中需要高亮显示的文本。

③在弹出的"选中文字"工具栏中单击"高亮"按钮。

2）用"区域高亮"功能显示第 2 段文字。

①单击"批注"选项卡下的"区域高亮"按钮。

②在文件显示区域中按下鼠标左键不放拖动鼠标，选中第 2 段文字。

3）为第 3 段文字中的"下划线只能作用于选中的文本"添加下划线。

①单击"批注"选项卡下的"选择"按钮。

②用鼠标选定文字"下划线只能作用于选中的文本"。

③在弹出的"选中文字"工具栏中单击"下划线"按钮。

4）为第 4 段文字中的"起到提醒删除作废的作用"添加删除线。

①单击"批注"选项卡下的"选择"按钮。

②用鼠标选定文字"起到提醒删除作废的作用"。

③在选区上右击，在弹出的快捷菜单中选择"删除线"命令。

5）在第 5 段文字结尾附近添加注解"在添加注解时会自动弹出注释弹框，便于快速输入注释"。

①单击"批注"选项卡中的"注解"按钮。

②在第 5 段文字结尾附近单击。

③在弹出的注释框中输入"在添加注解时会自动弹出注释框，便于快速输入注释"。

6）在第 6 段文字中的"达到"后面添加插入符，并填写插入内容"提醒补充内容"。

①单击"批注"选项卡下的"插入符"按钮。

②在第 6 段文字中的"达到"后面，单击即可添加插入符。

③在弹出的注释框中输入"提醒补充内容"。

7）将第 7 段中的"下划线"文字用替换符标记替换为"插入符"。

①选中"下划线"文字。

②单击"批注"选项卡下的"替换符"按钮。

③在弹出的注释框中输入"插入符"。

8）在第 8 段结尾处插入一个文本框并设置格式。

①单击"批注"选项卡中的"文本框"按钮。

②在第 8 句文字结尾处单击，插入一个文本框。

③在文本框中输入"文本框可以设置字体、字号、字体颜色"。

④按 Ctrl+A 组合键，或者按住鼠标左键拖动选中全文。

⑤在"文本工具"选项卡中，设置字体为隶书，设置字号为小二号，并单击"加粗"按钮加粗文本。

（3）按要求完成文档上传和恢复的操作。

1）单击 WPS"首页"中的"新建"按钮，新建一个文档。

2）单击"文件"菜单下的"保存"命令，在弹出的保存对话框中选择"我的云文档"，单击"保存"按钮。

3）关闭文档。

4）打开文档，单击"首页"，进入"我的电脑"，进入"WPS 网盘"，双击"我的云文档"，找到刚刚新建的文档。

5）选中刚刚新建的文档，右击，单击"删除"命令。

6）在弹出的删除对话框中，单击"确定删除"。

7）在"WPS 网盘"的右上角菜单中，单击"更多"，在下拉的操作菜单中单击"回收站"。

8）在回收站中找到刚刚删除的文档，右击，单击"恢复"。

习题 4

一、选择题

1. WPS "首页" 的 "共享" 列表不包含（　　）。
   A. 别人通过 WPS 共享给我的文件夹
   B. 在操作系统中设置为 "共享" 属性的文件夹
   C. 别人通过 WPS 共享给我的文件
   D. 我通过 WPS 共享给别人的文件

2. 可以在 WPS 中对 PDF 文件的内容添加批注，但不包含（　　）。
   A. 注解　　　　　　　　　　B. 音频批注
   C. 文字批注　　　　　　　　D. 形状批注

3. 在多个设备间同步最近打开过的文件，正确的操作方法是（　　）。
   A. 开启 "文档云同步" 功能
   B. 使用 "历史版本" 功能
   C. 使用 "分享" 功能
   D. 设置 "同步文件夹"

4. WPS 支持不同文件格式互相转换操作，不包括（　　）。
   A. PDF 与 Office 互相转换
   B. PDF 与视频互相转换
   C. 图片与 Office 互相转换
   D. PDF 与图片互相转换

5. 在 WPS 中可以创建多种类型的 PDF 签名，不支持的是（　　）。
   A. 语音签名　　　　　　　　B. 文字签名
   C. 图片签名　　　　　　　　D. 手写签名

6. 对于 WPS 云文档的描述，错误的是（　　）。
   A. 云文档支持多人实时在线共同编辑
   B. 云文档可以预览和恢复历史版本
   C. 云文档需要通过 WPS Office 客户端进行编辑
   D. 云文档可以通过链接分享给他人

7. 在 WPS 中，PDF 文件不支持的保护形式是（　　）。
   A. 文档打开密码　　　　　　B. 文档保存密码
   C. 文档编辑密码　　　　　　D. 电子证书签名

8. WPS 不支持的操作是（　　）。
   A. 屏幕录制　　　　　　　　B. 图片转文字
   C. PDF 转视频　　　　　　　D. PDF 转 Excel

9. WPS 中，将 PDF 文件转为文档格式时，不支持的格式为（　　）。
   A. .dotx　　　　B. .doc　　　　C. .rtf　　　　　　D. .docx

10. 关于 WPS "远程会议" 的叙述错误的是（　　）。

　　A. 会议发起人可以在需要时锁定会议，禁止其他人加入会议

　　B. 会议发起人可以将他人移出会议

　　C. 只有会议发起人可以演示文档

　　D. 通过二维码方式可以邀请他人加入会议

二、操作题

1. 金山办公软件公司全新推出一款办公产品，需要制作一份产品宣传册，员工小明已经收集了相关图文素材。打开素材文件夹下的素材文档 WPS.docx，按下列要求完成排版美化工作，该宣传册排版后的最终篇幅应控制为 6 页。

（1）设置文档属性的摘要信息：标题为 "金山文档教育版宣传册"，作者为 "KSO"。

（2）修改页面设置：纸张为 21 厘米×14.8 厘米（高×宽），上、下页边距均为 1.5 厘米，左、右页边距均为 2 厘米；页眉、页脚距边界均为 0.75 厘米。

（3）请按照以下要求美化封面标题内容：

1）将封面标题前两行文字的颜色设置为标准色 "蓝色"。

2）将封面标题第三行文字设置为斜体字并应用艺术字预设样式为 "渐变填充-钢蓝"。

3）将封面标题的首字母 K 设置为首字下沉 3 行。

（4）修改宣传册 "标题 1" 样式格式，要求：

1）字号为小一号、不加粗、白色，所用中文字体为黑体，所用英文、数字和符号均为 Arial 字体。

2）居中对齐，段前、段后间距各 0.5 行，单倍行距。

3）设置段落上、下边框为 1.5 磅粗黑实线，段落左右无边框，段落底纹颜色为 "钢蓝,着色 5"。

4）设置标题段落均自动另起一页，即始终位于下页首行。

（5）将蓝色文本（金山创始人求伯君……股份制商业银行）转换为表格（10 行×4 列），并按下面要求进行美化：

1）将第 3 列所有单元格合并为一个单元格，合并单元格设置为 "钢蓝,着色 5" 底纹搭配白色、加粗、黑体字，并设置文字方向按顺时针旋转 90°。

2）将第 4 列中的所有数字和百分号 "%" 均设为二号字，并将百分号 "%" 设置为上标，字符位置下降 3 磅。

3）设置表格对齐方式，第 1、2 列为 "中部右对齐"，第 3 列为 "分散对齐"，第 4 列为 "中部两端对齐"。

4）设置表格外侧上、下框线为 1.5 磅粗黑实线，表格内部横框线为 0.75 磅细 "钢蓝,着色 5" 实线，表格中的所有竖框线均设为 "无"。

5）先根据内容调整表格列宽，保证单元格内容不换行显示，再适应窗口大小，即表格左右恰好充满版心。

6）将表格与其之前的段落距离设为 1 行，且二者之间不含空段落，适当调整表格高度，确保表格显示在同一页面。效果如表 4-1 所示。

表 4-1　美化后表格效果

金山创始人求伯君推出 WPS1.0	1988	金山的三十年也是中国软件史的三十年	**98**%
政府采购第一枪	2001		部委信创试点覆盖率
WPS Office 个人版宣布免费	2005		**90**%
WPS 进军日本市场开启国际化	2007		政府采购率
WPS 移动版发布	2011		**57.5**%
WPS 通过核高基重大专项验收	2012		世界五百强中的中国企业
WPS+一站式云办公发布	2015		**85.4**%
PC 与移动用户双过亿	2017		央企市场占有率
召开「云·AI 未来办公大会」	2018		**91.7**%
WPS Office for macOS 发布	2019		全国性股份制商业银行

（6）在"教学内容深度定制"处对文档进行分节，使该文本及其后内容成为文档的第 2 节。同时要求第 2 节从新的一页开始（必要时删除空白页），且该节的纸张方向为"横向"。

（7）按下列要求设置两节的页眉/页脚：

1）第 1 节中的页面不设页眉横线，第 2 节应用"上粗下细双横线"样式的预设页眉横线。

2）第 1 节中的页面不设页眉文字，第 2 节应用奇偶页不同的页眉文字，其中奇数页为段落右对齐的"金山文档教育版"字样，偶数页为段落左对齐的"KDOCS FOR EDUCATION"字样。

3）第 1 节中的页面不设页码，第 2 节应用大写罗马数字页码（I, II, III …），且页码位置显示在"页脚外侧"，与页眉文字段落保持一致。

（8）在"教学内容深度定制"中，为 3 个直角引号"「」"中的关键词添加超链接：

1）关键词和对应的超链接地址如表 4-2 所示。

表 4-2　关键字和超链接地址对应表

关键字	超链接地址
金山文档教育版	http://edu.kdocs.cn/
稻壳儿	http://www.docer.com
WPS 学院	http://www.wps.cn/learning/

2）在添加了超链接的关键词之后插入脚注，并将页面中 3 行红色字体内容分别添加到 3 个脚注中。

（9）对"教学内容深度定制"之后每页的图片，按如下要求进行设置：

1）将图片的文字环绕方式由默认的"嵌入型"修改为"四周型"。

2）将图片固定在页面上的特定位置，要求水平方向相对于页边距右对齐，垂直方向相对于页边距下对齐，为了不影响文字段落格式，允许适当修改图片大小，将文档控制在 6 页。

3）为图片添加"右下斜偏移"的阴影效果。

（10）最后为了便于打印和共享，保存 WPS.docx 文档后，在源文件目录下将其输出为带权限设置的 PDF 格式文件，权限设置为"禁止修改"和"禁止复制"，权限密码设置为三位数字"123"（无须设置文件打开密码），其他选项保持默认即可。

2．打开素材文件夹下的文本文件"WPS 文字素材.txt"，利用 WPS 文字精心制作一份简洁而醒目的个人简历，示例样式如"简历参考样式.jpg"所示，按照要求完成下列操作并以文件名"WPS 文字.docx"保存。

（1）设置纸张大小为 A4，上、下页边距为 2.5 厘米，左、右页边距为 3.2 厘米。

（2）在适当的位置插入标准色为橙色与白色的两个矩形，其中橙色矩形占满 A4 幅面，文字环绕方式设为"浮于文字上方"，作为简历的背景。

（3）参照示例文件，插入标准色为橙色的圆角矩形，并添加文字"实习经验"，插入 1 个短划线的虚线圆角矩形框。

（4）参照示例文件，插入文本框和文字，并调整文字的字体、字号、位置和颜色。其中"张静"应为"标准色-橙色"的艺术字，"寻求能够……"文本效果应为跟随路径的"上弯弧"。

（5）根据页面布局需要插入素材文件夹下的图片 1.png，依据样例进行裁剪和调整，并删除图片的剪裁区域；然后根据需要插入图片 2.jpg、3.jpg、4.jpg，并调整图片位置。

（6）参照示例文件，在适当的位置使用形状中的标准色为橙色的箭头（提示：其中横向箭头使用线条类型箭头），插入智能图形，并进行适当编辑。

（7）参照示例文件，在"促销活动分析"等 4 处使用项目符号"对勾"，在"曾任班长"等 4 处插入符号"五角星"，颜色为"标准色-红色"。调整各部分的位置、大小、形状和颜色，以展现统一、良好的视觉效果。

第 5 章　WPS 表格的基本操作

WPS 电子表格软件拥有强大的数据处理和分析功能。工作表数据的输入与编辑是进行数据处理与分析的基础，了解 WPS 中多种数据格式的含义和特性，掌握高效的数据输入方法，可以事半功倍、准确地完成数据处理工作。对工作表进行适当的修饰，能使数据有更好的表现形式，增强表格的可读性。

学习目标：

● 理解工作簿和工作表的概念。
● 掌握工作表数据的输入和编辑方法。
● 掌握工作表中单元格格式设置的方法。
● 掌握工作表和工作簿的基本操作。

5.1　WPS 操作界面

WPS 电子表格软件的基本功能就是制作若干张表格，在表格中记录相关的数据及信息，以便日常生活和工作中信息的修改、查询与管理。

5.1.1　工作簿和工作表的概念

工作簿和工作表是 WPS 电子表格中两个最基本的概念。

1．工作簿

工作簿是 WPS 中用来处理和存储数据的文件，一个扩展名为.et 的 WPS Office 电子表格文件即是一个工作簿。在一个工作簿中，可以包含若干个工作表。在默认情况下，包含 1 个工作表 Sheet1。

2．工作表

工作表是工作簿窗口中呈现出的由若干行和列构成的表格。WPS 中数据的输入、编辑等操作均在工作表中完成。工作表不能脱离工作簿独立存在，必须包含于某个工作簿中。默认工作表名称为 Sheet1、Sheet2、Sheet3、……依此类推。

5.1.2　操作界面的组成

启动 WPS 电子表格软件，将默认创建一个 WPS 工作簿，即可进入 WPS 操作界面，如图 5-1 所示。

WPS 操作界面由两个窗口构成，一个是 WPS 程序窗口，该窗口中主要提供了软件的各个功能选项卡。另一个是 WPS 工作簿窗口，这是数据输入与编辑的主要工作区，操作界面主要由行、列交叉形成的单元格构成，即工作表。

1. 行号

工作表中每一行最左侧的阿拉伯数字即为行号，表示该行的行数，对应称为第 1 行、第 2 行、第 3 行……

2. 列标

工作表中每一列上方的大写英文字母即为列标，表示该列的列名，对应称为 A 列、B 列、C 列……

3. 工作表标签

工作表标签一般位于工作表的左下角，用于显示工作表的名称。单击工作表名称，可以在不同的工作表之间进行切换。当前正在编辑的工作表称为活动工作表。

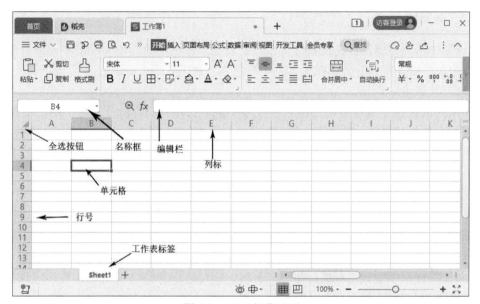

图 5-1　WPS 操作界面

4. 单元格

工作表中行和列交叉所形成的长方形区域即为单元格。单元格所在的行号和列标共同构成单元格地址，如 C7 单元格，表示位于第 7 行 C 列的单元格。

5. 活动单元格

当前正在编辑的单元格称为活动单元格。可以通过单击选中活动单元格，被选中的单元格将被绿色框标出，如 D8。

6. 名称框

名称框一般位于工作表的左上方，其中会显示出活动单元格的名称或已定义的单元格区域的名称。

7. 编辑栏

编辑栏位于名称框的右侧，工作表的上方，用于显示、输入、编辑、修改活动单元格中的数据或公式。

8. 全选按钮

全选按钮位于工作表中行号和列标的交叉处，用于选中工作表中的所有单元格。

9. 单元格区域

多个连续的单元格组成的区域。如单元格区域 F6:H16 表示由 F6 单元格开始到 H16 单元格结束的一块矩形区域。

5.2　工作表数据的输入和编辑

数据的输入和编辑是 WPS 中数据分析和处理的基础。WPS 中的数据类型有多种，在工作表中可以输入文本、数值、日期等类型的数据。针对不同类型的数据，WPS 中提供了不同的输入数据的方法，帮助用户高效、正确地输入数据。

5.2.1　数据输入

在 WPS 中输入数据，首先需通过单击选定要输入数据的单元格为活动单元格，再由键盘进行数据输入。以下类型的数据在输入时需要特别注意。

1. 输入数字字符串

如果输入的数据是文本且全部由数字字符构成，如学号、身份证号等，则在输入数据前需先输入一个单撇号 "'"，表明输入的数据为文本，如'21042018。特别是数字字符串的第一个字符为 "0" 时，如 010，如果在输入数据前没有输入单撇号，输入的字符 "0" 不能正常显示。

2. 输入分数

在 WPS 单元格中输入分数时，为了区别于文本和日期数据，在输入数据时首先需输入数字 0，然后输入一个空格，再输入分数。例如，输入分数 3/4，单元格里正确的输入内容为 0 3/4。

3. 输入日期数据

在 WPS 单元格中输入日期时，年、月、日之间可以用符号 "/" 分隔，也可以用符号 "-" 分隔。例如，在单元格中输入日期 1949/10/01 或 1949-10-01，输入完成后单元格中均默认显示日期 1949/10/1。

5.2.2　自动填充数据

序列填充是 WPS 中最常用的快速的输入技术之一。通过该技术，可以快速地向 WPS 单元格中自动填充数据，实现高效、准确的数据输入。

1. 序列填充的基本方法

在 WPS 单元格中进行序列的自动填充，可以通过拖动填充柄实现，也可以使用 "填充" 命令。

填充柄是指活动单元格右下角的绿色小方块。首先在活动单元格中输入序列的第一个数据，然后沿数据的填充方向拖动填充柄即可填充序列。松开鼠标后填充区域的右下角会显示 "自动填充选项"，如图 5-2 所示。通过该选项，可更改选定区域的填充方式。

使用 "填充" 命令填充序列，首先输入序列的第一个数据，然后拖动选择要填入序列的单元格区域，打开 "开始" 选项卡，单击 "填充" 下拉按钮，在下拉列表中选择 "序列" 选项，在打开的 "序列" 对话框中根据需求进行设置，如图 5-3 所示，即可完成序列的填充。

图 5-2　自动填充选项

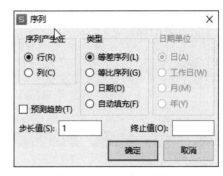

图 5-3　"序列"对话框

2. 可填充的内置序列

在 WPS 中，用户不需要定义以下几种序列，可以通过填充柄或填充命令直接填充。

（1）数字序列，例如 1、2、3、……，1、4、7、……

（2）日期序列，例如 2000 年、2001 年、2002 年、……，一月、二月、三月、……，1 日、2 日、3 日、……

（3）文本序列，例如一、二、三、……，001、002、003、……

以上几种序列在填充时默认的步长值为 1，如需改变步长值，可在"序列"对话框中设置步长值，或输入序列前两个数据的值后再使用填充柄拖动填充。

（4）其他内置序列，例如 Sun、Mon、Tue、……，子、丑、寅、……如图 5-4 所示。

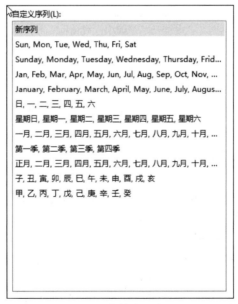

图 5-4　其他内置序列

3. 自定义序列

自定义序列是 WPS 提供给用户定义个人经常需要使用的，而系统又没有内置的序列的方法。单击"文件"→"选项"命令，在"选项"对话框中单击"自定义序列"选项，如图 5-5

所示。在右边"输入序列"输入框中输入新序列，新序列输入完成，单击"添加"按钮，中间的"自定义序列"列表框中将会添加新定义的序列，单击"确定"按钮。新序列的定义完成，使用方法和内置序列一致。

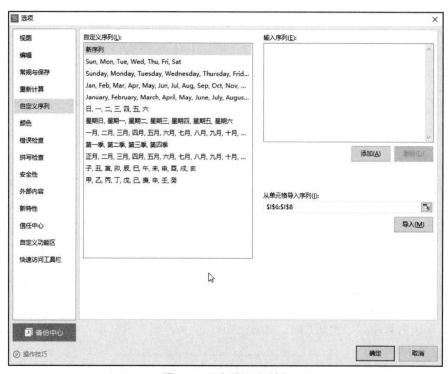

图 5-5 "选项"对话框

注意：自定义序列的最大长度为 255 个字符，并且第一个字符不得以数字开头。

4. 填充公式

使用填充柄可填充公式到相邻的单元格中。首先在第一个单元格输入公式，然后拖动该单元格的填充柄，即可填充公式。

5.2.3　控制数据的有效性

WPS 中，为了保证输入数据的准确性，可以对输入数据的类型、格式、值的范围等进行设置，称为数据有效性设置。具体来说，数据有效性设置可实现如下常用功能：

（1）限定输入数据为指定的序列，规范单元格输入文本的值。例如，要求工作表中 C 列的输入值仅能为"男"或"女"，则具体设置如下：选中 C 列，打开"数据"选项卡，单击"有效性"下拉按钮，打开"数据有效性"对话框。进行如图 5-6 所示的设置，注意来源中的数据值应使用符号","分隔，也可用选择按钮选择已有的序列作为来源。设置完成后，单击 C 列单元格右边的下拉按钮，可选择输入值，效果如图 5-7 所示。

（2）限定输入数据为某一个范围内的数值。如指定最大值、最小值、整数、小数、日期范围等。

（3）限定输入文本的长度。如身份证号长度、地址的长度等。

图 5-6　"数据有效性"对话框

图 5-7　设置效果

（4）出错警告，当发生输入错误时弹出警告信息。

以上设置均可在"数据验证"对话框中完成设置。

5.2.4　数据编辑

在 WPS 中输入数据后，操作过程中经常需要修改或删除单元格中的数据。

当单元格中的数据需要修改时，可双击单元格，修改单元格内的数据信息。或单击单元格，在编辑栏中修改单元格中的数据信息。

当单元格中的数据需要删除时，选中需操作的单元格，按键盘上的 Delete 键删除。或打开"开始"选项卡，单击"格式"下拉列表中的"清除"命令，在下拉列表中选择要清除的对象。

5.3　工作表修饰

工作表中的数据要清晰地呈现出来，需要较好的表现形式。对单元格及单元格中的数据进行格式化设置，能够使数据以日常生活中最常见或较美观的方式呈现出来，方便交流与沟通。

5.3.1　格式化工作表

格式化工作表包括对表格的行、列、单元格及单元格中的数据进行格式化设置。

1. 选择单元格

（1）选择单个单元格。单击选择单元格。

（2）选择多个连续的单元格。按下鼠标左键拖动选择，或首先选择待选单元格区域的第一个单元格，按住键盘上的 Shift 键选择最后一个单元格。

（3）选择多个不连续的单元格。首先选择第一个单元格，按住键盘上的 Ctrl 键选择剩下的单元格。

2. 行、列操作

（1）插入行或列。打开"开始"选项卡，单击"行和列"下拉按钮，在下拉列表中选择相应的命令，插入行或列，如图 5-8 所示。

（2）删除行或列。打开"开始"选项卡，单击"行和列"下拉按钮，在下拉列表中选择相应的命令，删除行或列。

（3）调整行高或列宽。打开"开始"选项卡，单击"行和列"下拉按钮，在下拉列表中选择"行高"或"列宽"命令，在打开的"行高"或"列宽"对话框中输入行高或列宽值，如图5-9所示。

图 5-8　插入行或列　　　　　　　　　图 5-9　"行高"对话框

以上行、列设置也可在选择需设置的行、列后，使用右键快捷菜单中相应的命令完成。

3. 设置单元格格式

打开"开始"选项卡，单击"格式"下拉按钮，在下拉列表中选择"单元格"命令，打开"单元格格式"对话框，如图5-10所示。在该对话框中，可完成对文字的字体、单元格的填充、表格的边框、数字和对齐方式的设置。

（1）设置单元格对齐方式。打开"开始"选项卡，单击"单元格格式：对齐方式"对话框启动器按钮，在打开的对话框中进行对齐方式设置。

例如合并单元格操作。选中需要进行合并操作的单元格区域，打开"单元格格式"对话框，在"文本控制"组中勾选"合并单元格"复选框，如图5-11所示。或打开"开始"选项卡，单击"合并居中"命令按钮进行设置。

图 5-10　"单元格格式"对话框　　　　　　图 5-11　合并单元格

（2）设置表格边框。选中需要添加边框的单元格区域，打开"单元格格式"对话框，单击"边框"选项卡，首先在"线条"组中选择线条的颜色和样式，然后在"预置"或"边框"组中选择要应用选中设置的框线，则可在预览草图中预览到框线的设置效果，如图 5-12 所示。或打开"开始"选项卡，单击"字体"组中的"所有框线"按钮 ⊞▾ 进行设置。

（3）设置字体格式。选中需要设置的文字或单元格，打开"开始"选项卡，单击"字体"组中的右下角的"字体设置"对话框启动器按钮，在"单元格格式"对话框中，可对文字的字体、字号、颜色等进行设置，还可为文字添加下划线，设置选中对象为上标、下标等。或打开"开始"选项卡，单击"字体"组中的按钮进行设置。

（4）设置单元格背景。选中需要设置的单元格，打开"单元格格式"对话框，单击"图案"选项卡，可对单元格的背景色、图案等进行设置。或打开"开始"选项卡，单击"字体"组中的"填充颜色"按钮进行设置。

4. 设置数据格式

选中需要设置的文字或单元格，打开"开始"选项卡，单击"单元格格式：数字"对话框启动器按钮，在打开的对话框中可设置数值型、日期等的数据格式。例如，单元格中输入的日期值为"1949 年 10 月 1 日"，要求同时显示该日期为星期几，则数据格式设置如下：在"分类"列表框中选择"自定义"命令，在"类型"输入框中输入 "yyyy"年"m"月"d"日"aaaa"，如图 5-13 所示。

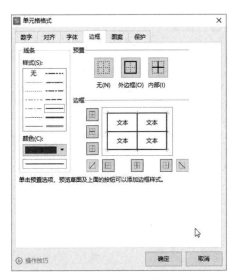

图 5-12　表格框线设置

图 5-13　自定义日期格式

5.3.2　格式化工作表高级技巧

除了手动设置各种表格格式，WPS 还提供有各种自动格式化的高级功能，帮助用户进行快速的格式化操作。

1. 表格格式

WPS 提供了大量预置好的表格样式，可自动实现包括字体大小、填充图案和表格边框等单元格格式集合的应用，用户可以根据需要选择预定格式实现快速格式化表格。

（1）单元格样式。打开"开始"选项卡，单击"格式"下拉列表的"样式"命令，打开预置样式列表，如图 5-14 所示，选择一个预置的样式，即可在选定单元格中应用。也可以单击列表下方的"新建单元格样式"按钮，自定义一个单元格样式。

（2）表格样式。打开"开始"选项卡，单击"表格样式"按钮，打开预置样式列表，如图 5-15 所示，鼠标指向某一个样式，即可显示该样式名称，可在选定单元格区域中应用选中的样式。也可以单击列表下方的"新建表格样式"按钮，自定义一个快速格式。

图 5-14　单元格样式

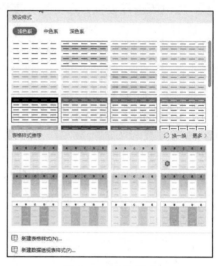

图 5-15　表格样式

条件格式

2. 条件格式

条件格式功能可以快速地为选定单元格区域中满足条件的单元格设定某种格式。

例如，设定某成绩表中 90 及 90 分以上的成绩的单元格均为黄色填充红色字体显示，设置如下：打开"开始"选项卡，单击"条件格式"下拉按钮。在下拉列表中选择"新建规则"命令，打开"新建格式规则"对话框，在"选择规则类型"列表框中选择"只为包含以下内容的单元格设置格式"，按图 5-16 进行设置。单击"格式"按钮，打开"单元格格式"对话框，设置字体及填充颜色。

图 5-16　设置条件格式

5.4　工作簿和工作表操作

工作簿和工作表是 WPS 的两个基本操作对象，在 WPS 操作中，经常要面临对工作簿或工作表的操作。例如工作簿的创建与保护，工作表的插入等。

5.4.1　工作簿和工作表的基本操作

工作簿和工作表的基本操作，包括创建工作簿、插入或删除工作表等操作，这是在 WPS 中进行数据处理时最常进行的操作。

1．工作簿的基本操作

（1）创建工作簿。

1）创建空白工作簿。单击"文件"→"新建"命令，单击"表格"→"新建空白文档"，如图 5-17 所示，即可创建一个新的工作簿。

图 5-17　创建空白工作簿

2）根据模板创建工作簿。模板是一种根据日常生活和工作需要预先添加了一些常用的文本、数据及格式的文档，在模板中可以包含公式和宏，一般模板会以某一文件类型保存。

单击"文件"→"新建"命令。单击任一个模板，即可创建工作簿。

（2）打开与关闭工作簿。

1）打开工作簿。单击"文件"→"打开"命令，在如图 5-18 所示的"打开文件"对话框中选择需要打开的工作簿，单击"打开"按钮，即可打开指定的工作簿。

2）关闭工作簿。单击 WPS 窗口右上角的"关闭"按钮即可关闭工作簿。

图 5-18 "打开文件"对话框

2. 工作表的基本操作

（1）插入新工作表。在 WPS 中插入一个新的工作表，以下 3 种方式均可以完成。

1）单击工作表底部的 + 按钮。

2）打开"开始"选项卡，单击"工作表"下拉按钮，在下拉列表中单击"插入工作表"选项。

3）鼠标指向工作表标签，右击，在快捷菜单中单击"插入"命令，在打开的"插入工作表"对话框中设置，如图 5-19 所示。

（2）删除工作表。鼠标指向待删除的工作表标签，右击，在快捷菜单中单击"删除工作表"命令。或打开"开始"选项卡，单击"工作表"下拉按钮，在下拉列表中单击"删除工作表"命令，均可删除被选中工作表。

移动和复制工作表

（3）移动和复制工作表。鼠标指向待移动的工作表标签，右击，在快捷菜单中单击"移动或复制工作表"命令。在打开的"移动或复制工作表"对话框中选择移动后工作表的位置，如图 5-20 所示，单击"确定"按钮。如果需要复制工作表，则在"移动或复制工作表"对话框中勾选"建立副本"复选框。

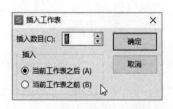

图 5-19 "插入工作表"对话框

图 5-20 "移动或复制工作表"对话框

（4）重命名工作表。鼠标指向需要重命名的工作表标签，右击，在快捷菜单中单击"重命名"命令，然后输入新的工作表名称即可。

（5）设置工作表标签颜色。鼠标指向需要设置的工作表标签，右击，在快捷菜单中单击"工作表标签颜色"命令。或打开"开始"选项卡，单击"工作表"下拉按钮，在下拉列表中单击"工作表标签颜色"选项，选取需要设置的颜色。

3．工作表的打印和输出

在工作表输出之前，对工作表的页面、打印范围、纸张等进行适当的设置，能获得更好的输出效果。

（1）页面设置。包括对页边距、页眉/页脚、打印标题等项目的设置。打开"页面布局"选项卡，单击"页面设置"组中对应的命令按钮可进行设置。或单击"页面设置"组右下角的"页面设置"对话框启动器按钮，在如图 5-21 所示的"页面设置"对话框中进行设置。

1）页眉/页脚。可以在打印的工作表的顶部或底部添加页眉或页脚。例如，可以创建一个包含页码、日期和时间以及文件名的页脚。页眉和页脚不会以普通视图显示在工作表中，仅以页面布局视图显示在打印页面上。

2）打印标题。在每个打印页面上重复特定的行或列。即如果工作表跨越多页，则可以在每一页上打印行和列标题或标签，以便正确地标记数据。

（2）设置打印范围。单击"文件"→"打印"命令，在"并打和缩放"组中选择"无缩放"选项，再在"份数"下拉列表中选择需要的设置项。如图 5-22 所示。

图 5-21　"页面设置"对话框

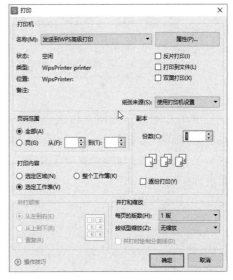

图 5-22　"打印"对话框

5.4.2　工作簿和工作表的保护

通过对工作簿或工作表的保护，可以避免对工作簿的结构或工作表中的数据进行不必要的更改。

1．保护工作簿

单击"文件"→"文档加密"→"文档权限"命令，选择打开"私密文档保护"功能，即可完成对工作簿的保护，如图 5-23 所示。

图 5-23 保护文档选项菜单

2. 工作表保护

打开"审阅"选项卡，单击"保护工作表"按钮，输入密码，如图 5-24 所示。

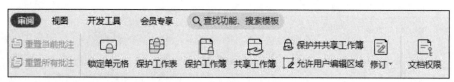

图 5-24 "审阅"选项卡

单击"确定"按钮，再次确认密码，即可完成对工作表的保护。受保护的工作表中，单元格的格式、行和列的插入/删除等操作都不能进行。可在图 5-25 中选择需进行保护的选项。

工作表被保护后，"保护工作表"按钮变为"撤消工作表保护"按钮，单击输入密码即可撤消保护。

图 5-25 "保护工作表"对话框

5.5　应用案例：WPS 工作表编辑与修饰

5.5.1　案例描述

小于在公司销售部负责销售数据的汇总和管理。为了保证销售数据的准确性。每个月底，小于会对销售表格进行定期检查和完善。打开考生文件夹下的素材文档 ET.xlsx，按下列要求完成操作。

（1）在"销售记录"工作表中，商品名称、品类、品牌、单价、购买金额这 5 列已经设置好公式，请在 D1:G1 单元格中已有内容后面增加"（自动计算）"字样，新增的内容需要换行显示，字号设置为"9 号"。

（2）在"销售记录"工作表中，表格数据中红色字体所在行存在公式计算结果错误的情况，该公式主要引用"基础信息表"中的"产品信息表"区域，请检查公式引用区域的数据，找到错误原因并修改错误，再把红色字体全部改回"黑色,文本 1"。

（3）在"销售记录"工作表中，使用条件格式对"购买金额"（I2:I20）进行标注；大于等于 20000 的单元格，单元格底纹显示浅蓝色（颜色面板：第 2 行第 5 个）；小于 10000 的单元格，单元格底纹显示浅橙色（颜色面板：第 2 行第 8 个）。

（4）在"销售记录"工作表中，规范填写"折扣优惠"（J2:J20）中的内容，请按如下要求设置：

1）在该列插入下拉列表，下拉列表的内容需要引用"基础信息表"工作表中的"折扣优惠"（H3:H6）。

2）"折扣优惠"列（J2:J20）中原本描述与下拉列表内容不一致的单元格需重新修改为规范描述。

（5）在"销售记录"工作表中，"折后金额"（K2:K20）中使用 IFS 函数，按表 5-1 规则计算折后金额。

表 5-1　折算规则表

折扣优惠	折后金额
折扣优惠=无优惠	折后金额=购买金额×100%
折扣优惠=普通	折后金额=购买金额×95%
折扣优惠=VIP	折后金额=购买金额×85%
折扣优惠=SVIP	折后金额=购买金额×80%

（6）在"销售记录"工作表中，为方便查看销售表数据，设置成表格上下翻页查看数据时标题行始终显示；左右滚动查看数据时"日期"和"客户名称"列始终显示。

（7）将"销售记录"工作表设置成：选择某个单元格时，该单元格所在行列标记颜色与其他行列不同。

（8）对"销售记录"工作表进行打印页面设置：

1）设置"销售记录"工作表"横向"打印在"A4 纸"上。

2）在打印时，每页都打印标题行。

（9）选中"销售记录"工作表的数据，创建数据透视表。

1）生成的数据透视表放置在"统计表"工作表中，用于统计不同品牌、不同品类的购买数量、购买金额。

2）透视表左侧标题为"品类"，上方第一行标题为"品牌"，每个品牌下方的二级标题分别显示"数量"和"金额"，透视表中展示效果请参考表 5-2。

表 5-2　销售记录表

品类	H 品牌		M 品牌		T 品牌		数量汇总	金额汇总
	数量	金额	数量	金额	数量	金额		
手机	###	###	###	###	###	###	###	###
电视	###	###	###	###	###	###	###	###
洗衣机	###	###	###	###	###	###	###	###
总计	###	###	###	###	###	###	###	###

注意："品牌"所在单元格需要"合并且居中"排列。

3）透视表中所有"金额"列设置成"货币"格式（示例效果：¥1,234.56）。

4）透视表中的"品类"列设置为按"金额汇总"降序排列。

（10）在"基础信息表"工作表中对产品信息按如下要求进行调整：

1）使用"查找和替换"功能将"商品名称"（B3:B17）中的"（内销）""（出口）"内容清除。

2）"基础信息表"工作表主要由指定人维护，不允许任何人编辑，请将"基础信息表"设置成默认禁止编辑。（注：若是考试环节，请不要输入"保护密码"，密码为空）。

（11）请在"目录"工作表按如下要求进行设置：

1）将"目录"工作表中的 B3:B5 单元格分别设置超链接，单击单元格自动跳转至对应"工作表"，设置完成后，3 个单元格需要恢复默认效果（字体：微软雅黑，字号：10 号，字体颜色：黑色,文本 1）。

2）在"目录"工作表中选中 A2:C5 区域并插入表格，表格样式修改为"表样式中等深浅 1"。

5.5.2　案例操作说明

1．换行显示和修改字体格式

（1）双击打开考生文件夹下的素材文档 ET.xlsx。

（2）在"销售记录"工作表中将光标置于"商品名称"后面。

（3）在"开始"选项卡中，单击"自动换行"按钮（或者用 Alt+Enter 组合键换行），在光标后输入"（自动计算）"后选中"（自动计算）"。

（4）在"开始"选项卡中将"字号"设置为"9 号"。

2．删除空格和修改字体格式

（1）删除空格。将光标置于"产品信息表"中 A10 单元格。按 Backspace 键，删除该单元格中的空格，同理删除 A13 单元格的空格。

（2）修改字体格式。选中"销售记录"工作表的红色字体所在的 4 行，在"开始"选项卡中将"字体颜色"设置为"黑色,文本 1"。

3．条件格式

（1）选中 I2:I20 单元格区域，在"开始"选项卡中，单击"条件格式"下拉按钮，在下拉列表中选择"突出显示单元格规则"→"其他规则"，弹出"新建格式规则"对话框，将中间第二个下拉列表设置为"大于或等于"，在其右侧输入 20000，单击"格式"按钮，在"图案"选项卡中，选择"浅蓝色"（第 2 行第 5 个），结果如图 5-26 所示，依次单击"确定"按钮。

（2）选中 I2:I20 单元格区域，在"开始"选项卡中，单击"条件格式"下拉按钮，在下拉列表中选择"突出显示单元格规则"→"其他规则"，弹出"新建格式规则"对话框，将中间第二个下拉框设置为"小于"，在其右侧输入 10000，单击"格式"按钮，在"图案"选项卡中，选择"浅橙色"（第 2 行第 8 个），结果如图 5-27 所示，依次单击"确定"按钮。

图 5-26　"新建格式规则"对话框（1）　　　图 5-27　"新建格式规则"对话框（2）

4．设置有效性

（1）选中 J2:J20 单元格区域，在"数据"选项卡中，单击"有效性"按钮，弹出"数据有效性"对话框，将"允许"设置为"序列"，在"来源"中输入"基础信息表!$H$3:$H$6"，勾选下方的"对所有同样设置的其他所有单元格应用这些更改"复选框，如图 5-28 所示，单击"确定"按钮。

图 5-28　"数据有效性"对话框

（2）将单元格的描述与下拉列表中不一致的修改成一致。单击单元格右侧的下拉按钮，选择一致的选项，如"无"修改为"无优惠"等。

5. IFS 函数

在 K2 单元格中输入公式"=IFS(J2="无优惠",I2,J2="普通",I2*0.95,J2="VIP",I2*0.85,J2="SVIP",I2*0.8)"，按 Enter 键，双击右下角的填充柄，完成整列填充。

6. 冻结窗格

单击 C2 单元格，在"视图"选项卡中，单击"冻结窗格"下拉按钮，在下拉列表中选择"冻结至第 1 行 B 列"。

7. 设置"阅读模式"

在"销售记录"工作表中，在 WPS 表格界面右下角状态栏，单击"阅读模式"按钮，如图 5-29 所示。

8. 页面设置

在"页面布局"选项卡中，单击"纸张方向"下拉按钮，在下拉列表中选择"横向"，单击"纸张大小"下拉列表中的"A4"，单击"打印缩放"下拉列表中的"将所有列打印在一页"，单击"打印标题或表头"按钮，弹出"页面设置"对话框，在"顶端标题行"中输入"$1:$1"，如图 5-30 所示，单击"确定"按钮。

图 5-29 切换视图模式按钮　　　　　　　　图 5-30 打印标题

9. 数据透视表

（1）选中"销售记录"工作表的 A1:K20 单元格，在"数据"选项卡中，单击"数据透视表"按钮，弹出"创建数据透视表"对话框，将"请选择放置数据透视表的位置"设置为"现有工作表"，并在下方输入"统计表!$A$1"，如图 5-31 所示，单击"确定"按钮。

（2）在右侧"数据透视表"对话框中，将"字段列表"中的"品类（自动计算）"字段拖动到"数据透视表区域"的"行"列表框中，将"品牌（自动计算）"字段拖动到"列"列表框中，将"购买数量"和"购买金额"字段分别拖动到"值"列表框中，如图 5-32 所示。

图 5-31　"创建数据透视表"对话框

图 5-32　"数据透视表"对话框

（3）参照展示效果图修改各单元格名称。

（4）选中数据透视表区域，在"开始"选项卡中，单击"水平居中"按钮，选中 B2:C2 单元格区域，在"开始"选项卡中，单击"合并居中"下拉按钮，在下拉列表中选择"跨列居中"。同理设置"M 品牌"和"T 品牌"。

（5）选中所有"金额"列（用 Ctrl 键选中不连续区域），右击，单击"设置单元格格式"命令，弹出"单元格格式"对话框，在"数字"选项卡中，将"分类"设置为"货币"，采用其他参数默认设置，单击"确定"按钮。

（6）单击 A3 单元格右侧下拉按钮，单击"其他排序选项"命令，弹出"排序（品类自动计算）"对话框，选择"降序排序（Z 到 A）依据金额"单选按钮并在下方的下拉列表中选择"金额"，如图 5-33 所示。

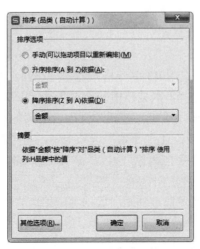

图 5-33　"排序（品类（自动计算））"对话框

（7）单击"其他选项"按钮，在弹出的"其他排序选项（品类（自动计算））"对话框中，在"排序依据"组勾选"所选列中的值"单选按钮，选取 I4:I6 单元格区域，如图 5-34 所示，依次单击"确定"按钮。

图 5-34　"其他排序选项"对话框

10. 查找替换和限制权限

（1）查找替换。在"基础信息表"工作表中，用组合键 Ctrl+H 调出"查换和替换"对话框，在"查找内容"中输入"(内销)"（"括号"是英文状态下输入的），单击"全部替换"按钮。同理清除"(出口)"内容。

（2）限制权限。在"审阅"选项卡中，单击"保护工作表"按钮，弹出"保护工作表"对话框，保持默认参数不变，单击"确定"按钮。

11. 设置超链接和套用表格样式

（1）设置超链接。

1）在"目录"工作表中，选中 B3 单元格，右击，在弹出的菜单中选择"超链接"命令，弹出"编辑超链接"对话框，选择"本文档中的位置"，将"请选择文档中的位置"设置为"销售记录"，如图 5-35 所示，单击"确定"按钮。同理设置其他两个超链接。

2）选中 B3:B5 单元格区域，在"开始"选项卡中，将"字体"设置为"微软雅黑"，将"字号"设置为"10 号"，将"字体颜色"设置为"黑色,文本 1"。

（2）套用表格样式。

1）选中 A2:C5 单元格区域，在"开始"选项卡中单击"表格样式"下拉按钮，在下拉列表中选择"中等色"中的"白色,表样式中等深浅 1"，弹出"套用表格样式"对话框，保持默认参数不变，如图 5-36 所示，单击"确定"按钮。

图 5-35 "编辑超链接"对话框

图 5-36 "套用表格样式"对话框

2）保存并关闭 ET.xlsx 文件。

习题 5

一、选择题

1．在 WPS 工作表中输入了大量数据后，若要在该工作表中选择一个连续且较大范围的特定数据区域，最快捷的方法是（　　）。

　　A．选中该数据区域的某一个单元格，按 Ctrl+A 组合键

　　B．单击该数据区域第一个单元格，按下 Shift 键不放再单击该区域的最后一个单元格

　　C．单击该数据区域的第一个单元格，按 Ctrl+Shift+End 组合键

　　D．用鼠标直接在数据区域中拖动完成选择

2．在 WPS 表格中对产品销售情况进行分析，需要选择不连续的数据区域作为创建分析图表的数据源，最优的操作方法是（　　）。

　　A．直接拖动鼠标选择相关的数据区域

　　B．按下 Ctrl 键不放，拖动鼠标依次选择相关的数据区域

　　C．按下 Shift 键不放，拖动鼠标依次选择相关的数据区域

　　D．在名称框中分别输入单元格区域地址，中间用半角逗号分隔

3．在 WPS 表格中，公司的"报价单"工作表使用公式引用了商业数据，发送给客户时需要仅呈现计算结果而不保留公式细节，错误的做法是（　　）。

　　A．通过工作表标签右键菜单的"移动或复制工作表"命令，将"报价单"工作表复制到一个新的文件中

　　B．将"报价单"工作表输出为 PDF 文件

　　C．复制原文件中的计算结果，以"粘贴为数值"的方式，把结果粘贴到空白报价单中

　　D．将"报价单"工作表输出为图片

4．希望对 WPS 表格工作表的 D、E、F 三列设置相同的格式，同时选中这三列的最快捷操作方法是（　　）。

　　A．用鼠标直接在 D、E、F 三列的列标上拖动完成选择

　　B．在名称框中输入地址 D:F，按回车键完成选择

　　C．在名称框中输入地址"D.E，F"，按回车键完成选择

　　D．按下 Ctrl 键不放，依次单击 D、E、F 三列的列标

5．WPS 表格中，如果工作表的某单元格中有公式"=销售情况!A5"，则其中的"销售情况"是（　　）。

　　A．工作簿名称　　　　　　　　　B．工作表名称

　　C．单元格区域名称　　　　　　　D．单元格名称

6．WPS 表格中，某单元格公式的计算结果应为一个大于 0 的数，但却显示了错误信息"#####"。为了使结果正常显示，且又不影响该单元格的数据内容，应进行的操作是（　　）。

　　A．使用"复制"命令　　　　　　　B．重新输入公式

　　C．加大该单元格所在行的行高　　D．加大该单元格所在列的列宽

二、操作题

1．在"学生成绩单.et"文件完成以下操作：

（1）对工作表"第一学期期末成绩"中的数据列表进行格式化操作：将第一列"学号"列设为文本，将所有成绩列保留两位小数，设置行高为 20，列宽为 15，改变字体、字号，设置对齐方式，增加适当的边框和底纹使工作表更美观。

（2）将语文、数学、英语 3 科中不低于 110 分的成绩所在的单元格以一种颜色填充，其他 4 科中高于 95 分的成绩以另一种字体颜色标出。

2．在 WPS.et 文件中完成以下操作：

（1）在"费用报销管理"工作表"日期"列的所有单元格中，标注每个报销日期属于星期几，例如日期为"2020 年 1 月 20 日"的单元格应显示为"2020 年 1 月 20 日星期一"。

（2）在"费用报销管理"工作表中限制"费用类别"列仅能输入"费用类别"表中的费用类别。

3．在"计算机设备全年销量统计表.et"文件中完成以下操作：

（1）将 Sheet1 工作表重命名为"销售情况"，将 Sheet2 重命名为"平均单价"。

（2）在"销售情况"表"店铺"列左侧插入一个空列，输入列标题为"序号"，并以 001、002、003……的方式向下填充至该列到最后一个数据行。

（3）将工作表标题跨列合并后居中并适当调整其字体，加大字号并改变字体颜色。适当加大数据表行高和列宽，设置对齐方式及销售额数据列的数值格式（保留两位小数），并为数据区域增加边框线。

第6章　WPS表格的数据计算

在 WPS 工作表中输入数据后需要对这些数据进行组织、统计和分析，以便从中获取更加丰富的信息。为了实现这一目的，WPS 提供了丰富的数据计算功能，可以通过公式和函数方便地进行求和、求平均值、计数等计算，从而实现对大量原始数据的处理。通过公式和函数计算不仅准确高效，而且在原始数据发生改变后，计算结果能自动更新，这就进一步提高了工作效率和效果。

学习目标：

- 理解公式和函数的概念。
- 掌握公式的使用方法。
- 掌握名称的定义与引用。
- 掌握常用函数的使用方法。

6.1　利用公式求单元格的值

公式是对工作表中的值执行计算的等式。公式始终以等号"="开头，可以包含函数、引用、运算符和常量。在 WPS 中，使用公式可以执行计算、返回信息、操作其他单元格的内容、测试条件等操作。

6.1.1　公式的输入与编辑

1. 输入公式

在工作表中输入公式，首先单击待输入公式的单元格，输入一个"="，向系统表明正在输入的是公式，否则系统会判定其为文本数据而不会产生计算结果。然后输入常量或单元格地址，也可用鼠标单击需要选定的单元格或单元格区域，按 Enter 键完成输入。

例如，要在 C1 中填入 A1 和 B1 两个单元格中数据的乘积，则 C1 单元格中的输入内容为 =A1*B1。

WPS 中常用运算符如表 6-1 所示。

表 6-1　常用运算符

运算符		含义	示例
算术运算符	+（加号）	加法	3+3
	−（减号）	减法 负数	3−1 −1
	*（星号）	乘法	3*3
	/（正斜杠）	除法	3/3
	^（脱字号）	乘方	3^2

续表

运算符		含义	示例
关系运算符	=（等号）	等于	A1=B1
	>（大于号）	大于	A1>B1
	<（小于号）	小于	A1<B1
	>=（大于等于号）	大于或等于	A1>=B1
	<=（小于等于号）	小于或等于	A1<=B1
	<>（不等号）	不等于	A1<>B1
引用运算符	:（冒号）	区域运算符,生成一个对两个引用之间所有单元格的引用（包括这两个引用）	B5:B15
	,（逗号）	联合运算符,将多个引用合并为一个引用	SUM(B5:B15,D5:D15)
文本运算符	&（与号）	将两个值连接（或串联）起来产生一个连续的文本值	"North"&"wind" 的结果为 "Northwind"

2. 修改公式

鼠标双击公式所在的单元格，进入编辑状态，则可在单元格或编辑栏中修改公式。修改完毕后，按 Enter 键确认修改。如果要删除公式，则单击公式所在单元格，按键盘上的 Delete 键即可。

3. 公式的复制与填充

输入到单元格中的公式可以像普通数据一样，通过拖动填充柄进行公式的复制填充，此时填充的不是数据本身，而是复制公式。此操作也可通过打开"开始"选项卡，单击"编辑"组中的"填充"命令按钮完成。填充时公式中对单元格的引用采用的是相对引用。

6.1.2　引用工作表中的数据

在公式中很少输入常量，最常用到的是单元格引用。单元格引用是指对工作表中的单元格或单元格区域的引用,它可以在公式中使用,以便 WPS 可以找到需要公式计算的值或数据。

1. 单元格引用

单元格引用方式分为以下几类：

（1）相对引用。与包含公式的单元格位置相关，引用的单元格地址不是固定地址，而是相对于公式所在单元格的相对位置，相对引用地址表示为"列标行号"，如 A1。默认情况下，在公式中对单元格的引用都是相对引用。例如，在 C1 单元格中输入公式"=A1*B1"，表示的是在 C1 单元格中引用它左边相邻的第一个和第二个单元格的值。当拖动填充柄复制该公式到 C2 单元时，因与 C2 左边相邻的第一个和第二个单元格是 A2 和 B2，所以复制到 C2 中的公式也就变成了"=A2*B2"。

（2）绝对引用。与包含公式的单元格位置无关。在复制公式时，如果希望引用的位置不发生变化，就需要用绝对引用。绝对引用的表示方式为"$列标$行号"。

例如，工作表 A1 到 A12 单元格数据为某公司每个月的销售额，A13 为全年总销售额，现需要在 B 列中求每个月销售额占全年销售额的百分比，则在 B1 单元格输入公式"=A1/$A$13"，使用填充柄拖动填充公式至 B12 单元格，设置 B 列的数字格式为百分比。其中，在输入的公式中，$A$13 表示绝对引用。在公式复制时，其地址不会变化，始终引用 A13 单元格的值（全年总销售额）。如 B2 单元格中的公式为"=A2/$A$13"。

（3）混合引用。WPS 中允许仅对某一单元格的行或列进行绝对引用。当列标需要变化而行号不需要变化时，单元格地址应表示为"列标$行号"，如 A$1。当行号需要变化而列标不需要变化时，单元格地址应表示为"$列标行号"，如$B1。

2. 引用其他工作表中的数据

在单元格引用的前面加上工作表的名称和感叹号（!），可以引用其他工作表中的单元格，具体表示为"工作表名称! 单元格地址"。例如，Sheet2!E3 表示引用 Sheet2 工作表中 E3 单元格中的数据。

6.2　名称的定义与引用

名称是在 WPS 中代表单元格、单元格区域、公式或常量值的单词或字符串，是一个有意义的简略表示法，便于了解单元格引用、常量、公式或表的用途。例如，为保存了商品价格的单元格区域 E1:E10 定义名称 Price，现在需要在 E11 单元格中求商品的最高价格，则输入公式可为"=MAX(E1:E10)"，也可以为"=MAX(Price)"。

使用名称可以使公式更加容易理解和维护。

6.2.1　定义名称

创建和编辑名称时，需遵循一定的语法规则，目前可以创建和使用的名称类型主要有两种。其一为已定义名称，代表单元格、单元格区域、公式或常量值的名称，一般由用户自己定义。其二为表名称，即在 WPS 工作表中插入的表格的名称，由系统默认创建。

1. 名称的语法规则

下面是创建和编辑名称时需要注意的语法规则。

（1）有效字符。名称中的第一个字符必须是字母、下划线（_）或反斜杠（\）。名称中的其余字符可以是字母、数字、句点和下划线。需注意的是，大小写字母"C""c""R"或"r"不能用作已定义名称。

（2）名称长度。一个名称最多可以包含 255 个字符。

（3）不能与单元格地址相同。如 A1、$B3 等不能用作名称。

（4）空格无效。在名称中不允许使用空格。可以使用下划线（_）和句点（.）作为单词分隔符。例如 Sales_Tax 或 First.Quarter。

（5）不区分大小写。名称可以包含大写字母和小写字母。例如，如果创建了名称 Sales，接着又在同一工作簿中创建另一个名称 SALES，则 WPS 会视作同一个名称。

（6）唯一性。名称在其适用范围内必须始终唯一。

2. 名称的适用范围

名称的适用范围是指在没有限定的情况下能够识别名称的位置。

如果定义了一个名称 Sum_sales，其适用范围为 Sheet1，则该名称在没有限定的情况下只能在 Sheet1 中被识别，而不能在其他工作表中被识别。当需要在另一个工作表中识别该名称时，可以通过在前面加上名称所在工作表的名称来限定它，如 Sheet1! Sum_sales。

如果定义了一个名称，其适用范围限于工作簿，则该名称对于该工作簿中的所有工作表都是可识别的，但对于其他任何工作簿是不可识别的。

3. 定义名称

定义名称可以使用以下几种方式。

（1）使用编辑栏上的"名称框"定义名称。该方式适用于为选定区域创建工作簿级别的名称。

（2）根据所选内容创建。使用命令，可以很方便地基于工作表单元格区域的现有行和列标签来创建名称。打开"公式"选项卡，单击如图 6-1 所示的"名称管理器"按钮。在如图6-2 所示的"指定名称"对话框中选择名称值。

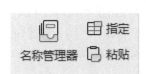

图 6-1　定义名称选项卡　　　　　　图 6-2　"指定名称"对话框

（3）使用"新建名称"对话框创建名称。打开"公式"选项卡，单击"名称管理器"按钮。在"名称管理器"对话框中单击"新建"按钮。在如图 6-3 所示的"新建名称"对话框中可定义名称，通过"范围"选项设定名称的适用范围，使用"引用位置"选项指定需创建名称的对象，也可在"批注"输入框中为名称添加 255 个字符以内的说明。需要关注的是，如果引用位置经由键盘输入时，需要先输入一个"＝"，再输入单元格、单元格区域、常量或公式。默认情况下，名称使用绝对单元格引用。

该方式适用于希望灵活创建名称的用户。

图 6-3　"新建名称"对话框

6.2.2　引用名称

名称可以直接用来快速选定已命名的区域，可以通过名称在公式中实现绝对引用。

1. 名称

（1）通过"名称框"引用。单击"名称框"右侧的下拉按钮，在打开的下拉列表中将会显示所有已被命名的单元格及单元格区域的名称，如图 6-4 所示。单击选择某一名称，该名称所引用的单元格或单元格区域将被选中。

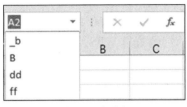

图 6-4　名称框

（2）在公式中引用。打开"公式"选项卡，单击"粘贴"按钮。在"粘贴名称"对话框中单击需要引用的名称，单击"确定"按钮。该名称将会出现在当前单元格的公式中，按 Enter 键确认输入。

2．编辑或删除名称

打开"公式"选项卡，单击"名称管理器"按钮。在"名称管理器"对话框的列表框中双击需要更改的名称，或选中需要编辑的名称，单击"编辑"按钮，如图 6-5 所示。打开"编辑名称"对话框，可对名称进行修改。

如果需要删除名称，在图 6-5 所示的对话框中选择需要删除的名称，单击"删除"按钮即可删除。

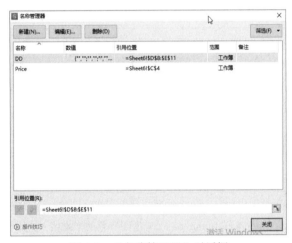

图 6-5　"名称管理器"对话框

6.3　WPS 函数

函数是预先编写的公式，可以对一个或多个数据值执行运算，并返回一个或多个值。函数主要用于处理简单的四则运算不能处理的算法，是为解决复杂计算需求而提供的一种预置算法。

在 WPS 中使用函数可以简化和缩短工作表中的公式，尤其在用公式执行很长或复杂的计算时。

6.3.1　函数分类

函数通常表示为：函数名([参数 1],[参数 2],…)。括号中的参数可以没有，也可以有一个或多个，多个参数之间用西文字符逗号","分隔。其中，方括号"[]"中的参数表示可选，如果参数没有方括号，则表示该参数必须有。参数可以是常量、单元格地址、已定义的名称、函数、公式等。

函数实际上就是预先编辑好的公式，所以在输入函数时，必须先输入一个等号"="。

1. 函数的分类

函数是 WPS 数据处理能力的强大支撑，根据日常生活和工作数据处理的需求，WPS 中预置了多种不同类型的函数，如表 6-2 所示。

表 6-2　函数的分类

函数类型	常用函数示例及说明
兼容性函数	RANK(number,ref,[order]) 返回一个数字在数字列表中的排位。 说明：在 WPS 2016 中，此类函数中的所有函数已经被新函数取代，为了与以前的版本兼容，设定了此类函数
多维数据集函数	CUBEVALUE(connection,[member_expression1], [member_expression2], ...) 从多维数据集中返回汇总值
数据库函数	DCOUNT(database, field, criteria) 返回列表或数据库中满足指定条件的记录字段（列）中包含数字的单元格的个数
日期和时间函数	TODAY()返回当前日期的序列号
工程函数	CONVERT(number, from_unit, to_unit) 将数字从一个度量系统转换到另一个度量系统中
财务函数	NPV(rate,value1,[value2], ...)通过使用贴现率以及一系列未来支出（负值）和收入（正值），返回一项投资的净现值
信息函数	ISBLANK(value) 如果值为空，则返回 TRUE
逻辑函数	IF(logical_test,[value_if_true],[value_if_false]) 如果指定条件的计算结果为 TRUE，IF 函数将返回某个值；如果该条件的计算结果为 FALSE，则返回另一个值
查找和引用函数	VLOOKUP(lookup_value,table_array,col_index_num, [range_lookup]) 搜索某个单元格区域的第一列，然后返回该区域相同行上任何单元格中的值
数学和三角函数	ROUND(number, num_digits) 函数可将某个数字四舍五入为指定的位数
统计函数	AVERAGE(number1, [number2], ...) 返回参数的平均值（算术平均值）
文本函数	MID(text, start_num, num_chars) 返回文本字符串中从指定位置开始的特定数目的字符，该数目由用户指定

2. 函数的基本使用方法

可以在单元格中输入"=函数名(参数列表)"来输入函数，但更常用的方式是通过命令插入公式。

（1）通过"函数库"组插入。打开"公式"选项卡，单击"函数库"组中的各类函数按钮，在如图 6-6 所示的下拉列表中单击要插入的函数名，打开"函数参数"对话框，如图 6-7 所示。设置函数参数，单击"确定"按钮，即可在当前单元格中插入选定函数。

（2）通过"插入函数"按钮插入。打开"公式"选项卡，单击"函数库"组中的"插入函数"按钮，打开"插入函数"对话框，如图 6-8 所示。在"或选择类别"下拉列表中选择需要插入函数的类别，在"选择函数"列表框中单击需要插入的函数，打开"函数参数"对话框设置函数参数，单击"确定"按钮插入函数。

（3）修改函数。在包含函数的单元格双击，进入编辑状态，对函数进行修改后按 Enter 键确认。

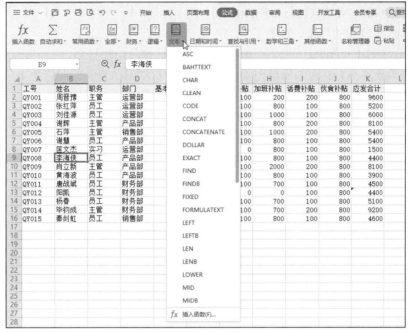

图 6-6　"函数库"组

图 6-7　"函数参数"对话框

图 6-8　"插入函数"对话框

6.3.2　常用函数的使用

1．日期天数函数 DAY(serial_number)

功能：返回某日期的天数，用整数 1 到 31 表示。

参数说明：serial_number 是必需的参数，表示要查找的那一天的日期。

举例：在单元格 A1 中输入日期 1949/10/1，则=DAY(A1)的返回值为天数 1。

2.　日期月份函数 MONTH(serial_number)

功能：返回某日期的月份，用整数 1 到 12 表示。

参数说明：serial_number 是必需的参数，表示要查找月份的日期。

举例：在单元格 A1 中输入日期 1949/10/1，则=MONTH(A1)的返回值为 10。

3.　日期年份函数 YEAR(serial_number)

功能：返回某日期的年份，值为 1900 到 9999 之间的整数。

参数说明：serial_number 是必需的参数，表示要查找年份的日期。

举例：在单元格 A1 中输入日期 1949/10/1，则=YEAR(A1)的返回值为 1949。

4.　当前日期函数 TODAY()

功能：返回当前日期。

参数说明：该函数没有参数。

举例：假设某人 1990 年出生，现要求此人年龄，则可在单元格中输入=YEAR(TODAY())-1990，以 TODAY 函数的返回值作为 YEAR 函数的参数获取当前年份，然后减去出生年份 1990，最终获得年龄。

5.　星期函数 WEEKDAY(serial_number,[return_type])

功能：返回某日期为星期几。默认情况下，其值为 1（星期天）到 7（星期六）之间的整数。

参数说明：

serial_number 是必需的参数，代表尝试查找的那一天的日期。

return_type 是可选参数，用于确定返回值类型的数字。数字的意义如表 6-3 所示。

举例：=WEEKDAY(TODAY(),2)，若当前日期为星期三，则返回值为 3。

表 6-3　return_type 参数类型

参数值	参数值的意义
1 或省略	数字 1（星期日）到数字 7（星期六）
2	数字 1（星期一）到数字 7（星期日）
3	数字 0（星期一）到数字 6（星期日）
11	数字 1（星期一）到数字 7（星期日）
12	数字 1（星期二）到数字 7（星期一）
13	数字 1（星期三）到数字 7（星期二）
14	数字 1（星期四）到数字 7（星期三）
15	数字 1（星期五）到数字 7（星期四）
16	数字 1（星期六）到数字 7（星期五）
17	数字 1（星期日）到 7（星期六）

说明：WPS 将日期存储为可用于计算的序列号。默认情况下，1900 年 1 月 1 日的序列号是 1，而 2008 年 1 月 1 日的序列号是 39448，这是因为它距 1900 年 1 月 1 日有 39447 天。

6.　求和函数 SUM(number1,[number2],…])

功能：将指定为参数的所有数字相加。每个参数都可以是单元格区域、单元格引用、数组、常量、公式或另一个函数计算的结果。

参数说明：

number1 是必需的参数。表示想要相加的第一个数值参数。

number2…是可选参数。表示想要相加的 2 到 255 个数值参数。

举例：=SUM(A1:A10)，将单元格区域 A1:A10 中的数据相加。

条件求和函数

7.　条件求和函数 SUMIF(range, criteria, [sum_range])

功能：可以对区域中符合指定条件的值求和。

参数说明：

range 是必需的参数，表示条件计算的单元格区域。每个区域中的单元格都必须是数字或名称、数组或包含数字的引用。空值和文本值将被忽略。

criteria 是必需的参数，表示求和条件，用于确定对哪些单元格求和。其形式可以为数字、表达式、单元格引用、文本或函数。

说明：任何文本条件或任何含有逻辑或数学符号的条件都必须使用双引号括起来。如果条件为数字，则无需使用双引号。例如，条件可以表示为 90、">=60"、A2、"男" 或 TODAY()。

sum_range 是可选参数，表示要求和的实际单元格。如果 sum_range 参数被省略，则会对在 range 参数中指定的单元格求和。

举例：=SUMIF(A2:A7,"男",C2:C7)，表示将单元格区域 A2:A7 中值为"男"对应的单元格区域 C2:C7 中的值相加。

8.　多条件求和函数 SUMIFS(sum_range, criteria_range1, criteria1, [criteria_range2, criteria2],…)

功能：对区域中满足多个条件的单元格求和。

参数说明：

sum_range 是必需的参数。表示要进行求和计算的区域，包括数字或包含数字的名称、区域或单元格引用。忽略空白和文本值。

criteria_range1 是必需的参数。表示在其中计算关联条件的第一个区域。

criteria1 是必需的参数，表示第一个求和条件。条件的形式为数字、表达式、单元格引用或文本，可用来定义将对 criteria_range1 参数中的哪些单元格求和。

criteria_range2, criteria2…是可选参数。附加的区域及其关联条件，最多允许 127 个区域/条件对。

举例：=SUMIFS(B2:E2, B3:E3, ">3%", B4:E4, ">=2%")，表示单元格区域 B3:E3 中的值大于 3%并且单元格区域 B4:E4 中的值大于或等于 2%时，对单元格区域 B2:E2 中相应单元格的值相加。

9.　四舍五入函数 ROUND(number, num_digits)

功能：将某个数字四舍五入为指定的位数。

参数说明：

number 是必需的参数。表示要四舍五入的数字。

num_digits 是必需的参数。表示四舍五入后保留的小数位数。

举例：=ROUND(3.14159, 2)，表示对数值 3.14159 进行四舍五入，并保留两位小数，结果为 3.14。

说明：如果需要始终向上舍入，可使用 ROUNDUP 函数。需要始终向下舍入，可使用 ROUNDDOWN 函数。例如计算停车收费时，如果未满 1 小时均按 1 小时计费，这时需要向上舍入计时。如果未满 1 小时均不计费，则需要向下舍入计时。

10．取整函数 INT(number)

功能：将数字向下舍入到最接近的整数。

参数说明：number 是必需的参数，表示需要进行向下舍入取整的实数。

举例：=INT(3.14)，结果为 3。

11．求绝对值函数 ABS(number)

功能：返回数字的绝对值。

参数说明：number 是必需的参数。表示需要计算其绝对值的实数。

举例：=ABS(-2)，结果为 2。

12．取余函数 MOD(number, divisor)

功能：返回两数相除的余数。结果的正负号与除数相同。

参数说明：

number 是必需的参数，表示被除数。

divisor 是必需的参数，表示除数。

举例：=MOD(3, 2)，表示求 3 除以 2 的余数，函数返回值为 1。

13．求平均值函数 AVERAGE(number1, [number2], …)

功能：返回参数的算术平均值。

参数说明：

number1 是必需的参数。表示要计算平均值的第一个数字、或单元格区域。

number2…是可选的参数。表示要计算平均值的其他数字、单元格引用或单元格区域，最多可包含 255 个。

举例：=AVERAGE(A2:A6)，表示求单元格区域 A2:A6 中的数据的平均值。

说明：当需要对满足条件的单元格区域求平均值时，可使用 AVERAGEIF（满足一个条件）或 AVERAGEIFS（满足多个条件），函数的使用方法和条件求和函数类似。

14．排位函数 RANK.AVG(number,ref,[order])

功能：返回一个数字在数字列表中的排位。数字的排位是其与列表中其他值的大小比较结果。

参数说明：

number 是必需的参数。表示要查找其排位的数字。

ref 是必需的参数。表示数字列表数组或对数字列表的引用。ref 中的非数值型值将被忽略。

order 是可选的参数。是一个表示排位方式的数字。如果 order 为 0 或忽略，WPS 对数字的排位就会基于 ref 是按照降序排序的列表；如果 order 不为零，WPS 对数字的排位就会基于 ref 是按照升序排序的列表。

举例：=RANK.AVG(H6,G5:G20)，表示单元格 H6 的值在单元格区域 G5:G20 值中的排位，返回的排位值是基于单元格区域 G5:G20 值降序排列的结果。

说明：RANK.EQ 函数也能实现排位功能。区别在于：如果多个值具有相同的排位，RANK.AVG 将返回平均排位，而 RANK.EQ 排位函数将会返回实际排位。

15.　计数函数 COUNT(value1, [value2], …)

功能：计算包含数字的单元格以及参数列表中数字的个数。

参数说明：

value1 是必需的参数。表示要计算其中数字的个数的第一项、单元格引用或区域。

value2...是可选的参数。表示要计算其中数字的个数的其他项、单元格引用或区域，最多可包含 255 个。

举例：=COUNT(A2:A8)，表示计算单元格区域 A2 到 A8 中包含数字的单元格的个数。

说明：当对包含任何类型信息的单元格进行计数时，使用 COUNTA 函数。

16.　条件计数函数 COUNTIF(range, criteria)

功能：对区域中满足单个指定条件的单元格进行计数。

参数说明：

range 是必需的参数。表示要对其进行计数的一个或多个单元格，其中包括数字或名称、数组或包含数字的引用。空值和文本值将被忽略。

criteria 是必需的参数。表示条件，用于定义将对哪些单元格进行计数的数字、表达式、单元格引用或文本字符串。

举例：=COUNTIF(B2:B5,"<>"&B4)，表示计算单元格区域 B2 到 B5 中值不等于 B4 单元格的值的单元格的个数。。

说明：若要根据多个条件对单元格进行计数时，使用 COUNTIFS 函数。

17.　最大值函数 MAX(number1, [number2], …)

功能：返回一组值中的最大值。

参数说明：

number1 是必需的，后续数值是可选的。这些是要从中找出最大值的 1 到 255 个数字参数。参数可以是数字或者是包含数字的名称、数组或引用。

举例：=MAX(A2:A6)，表示求单元格区域 A2:A6 中数据的最大值。

18.　最小值函数 MIN(number1, [number2], …)

功能：返回一组值中的最小值。

参数说明：number1 是必需的，后续数值是可选的。这些是要从中找出最小值的 1 到 255 个数字参数。参数可以是数字或者是包含数字的名称、数组或引用。

举例：=MIN(A2:A6)，表示求单元格区域 A2:A6 中数据的最小值。

19.　取字符函数 MID(text, start_num, num_chars)

功能：返回文本字符串中从指定位置开始的特定数目的字符，该数目由用户指定。

参数说明：

text 是必需的参数。表示包含要提取字符的文本字符串。

start_num 是必需的参数。表示文本中要提取的第一个字符的位置。文本中第一个字符的 start_num 为 1，依此类推。

num_chars 是必需的参数。用于指定希望 MID 从文本中返回字符的个数。

举例：=MID(A2,1,5)，表示从 A2 单元格中数据的第 1 个字符开始，提取 5 个字符。

说明：如果需提取文本最开始的一个或多个字符，可以使用 LEFT 函数；如果需提取文本最后一个或多个字符，可以使用 RIGHT 函数。

20.　求字符个数函数 LEN(text)

功能：返回文本字符串中的字符数。

参数说明：text 是必需的参数。表示要查找其长度的文本。空格将作为字符进行计数。

举例：=LEN("中国")，返回值为2。

21.　删除空格函数 TRIM(text)

功能：除了单词之间的单个空格外，清除文本中所有的空格。

参数说明：text 是必需的参数。表示需要删除其中空格的文本。

举例：=TRIM(" First Quarter Earnings　")，返回值为"First Quarter Earnings"，删除了文本首、尾部的空格。

22.　垂直查询函数 VLOOKUP(lookup_value, table_array, col_index_num, [range_lookup])

功能：搜索某个单元格区域（区域：工作表上的两个或多个单元格。区域中的单元格可以相邻或不相邻）的第一列，然后返回该区域相同行上任何单元格中的值。

参数说明：

lookup_value 是必需的参数。表示要在表格或区域的第一列中搜索的值。lookup_value 参数可以是值或引用。如果为 lookup_value 参数提供的值小于 table_array 参数第一列中的最小值，则 VLOOKUP 将返回错误值 #N/A。

table_array 是必需的参数。表示包含数据的单元格区域。可以使用对区域或区域名称的引用。table_array 第一列中的值是由 lookup_value 搜索的值。这些值可以是文本、数字或逻辑值。文本不区分大小写。

col_index_num 是必需的参数。表示 table_array 参数中必须返回的匹配值的列号。col_index_num 参数为 1 时，返回 table_array 第一列中的值；col_index_num 为 2 时，返回 table_array 第二列中的值，依此类推。如果 col_index_num 参数小于 1，则 VLOOKUP 返回错误值#VALUE!。大于 table_array 的列数，则 VLOOKUP 返回错误值#REF!。

range_lookup 是可选参数。表示一个逻辑值，指定希望 VLOOKUP 查找精确匹配值还是近似匹配值。如果 range_lookup 为 TRUE 或被省略，则返回精确匹配值或近似匹配值。如果找不到精确匹配值，则返回小于 lookup_value 的最大值。如果 range_lookup 为 TRUE 或被省略，则必须按升序排列 table_array 第一列中的值；否则，VLOOKUP 可能无法返回正确的值。如果 range_lookup 为 FALSE，则不需要对 table_array 第一列中的值进行排序。如果 range_lookup 参数为 FALSE，VLOOKUP 将只查找精确匹配值。如果 table_array 的第一列中有两个或更多值与 lookup_value 匹配，则使用第一个找到的值。如果找不到精确匹配值，则返回错误值#N/A。

举例：=VLOOKUP(2,A2:C10,2,TRUE)，使用近似匹配搜索 A 列中的值 2，在 A 列中找到等于 2 的值，如果没有等于 2 的值，则找到最接近 2 的值，然后返回同一行中 B 列的值。这里函数中的第一个参数 2，表示要在第一列中搜索的值。第二个参数，表示数据所在的单元格区域。第三个参数 2，表示返回第 2 列的值，即 B 列的值。第四个参数 TRUE，表示近似匹配查找关键值。

23.　条件函数 IF(logical_test, [value_if_true], [value_if_false])

功能：如果指定条件的计算结果为 TRUE，IF 函数将返回某个值；如果该条件的计算结果为 FALSE，则返回另一个值。

参数说明：

logical_test 是必需的参数。计算结果可能为 TRUE 或 FALSE 的任意值或表达式。例如，

A10=100 就是一个逻辑表达式；如果单元格 A10 中的值等于 100，表达式的计算结果为 TRUE；否则为 FALSE。此参数可使用任何比较运算符。

value_if_true 是可选的参数。表示 logical_test 参数的计算结果为 TRUE 时所要返回的值。

value_if_false 是可选的参数。表示 logical_test 参数的计算结果为 FALSE 时所要返回的值。

举例：=IF(A2<=100,"预算内","超出预算")，如果单元格 A2 中的数字小于等于 100，公式将返回"预算内"；否则，函数显示"超出预算"。

6.4　应用案例：学生成绩处理

6.4.1　案例描述

期末考试结束了，要求对某班同学的各科考试成绩进行统计分析，并为每一位同学制作一份成绩通知单邮寄给家长。学院教务办提供了班上同学的原始成绩文件"学生成绩.xlsx"，也提出了如下的成绩分析要求。

（1）要求"学生成绩"文件中"学生档案"工作表中的工作标签颜色为红色。

（2）"学生档案"表中填入学生性别、出生日期和年龄，其中年龄按周岁计算，满 1 年才计 1 岁。

（3）在各科成绩表中填入学生姓名。

（4）计算各科目每个学生的学期成绩，其中平时、期中、期末成绩各占学期成绩的 30%、30%、40%。排列出学生名次，并填写期末总评。期末总评要求如表 6-4 所示。

表 6-4　学生期末总评要求

语文、数学学期成绩	其他科目学期成绩	期末总评
≥102	≥90	优秀
≥84	≥75	良好
≥72	≥60	及格
<72	<60	不合格

（5）要求其他科目成绩表格式与语文成绩表相同。

（6）在期末总成绩表中填入学生姓名、各科成绩。计算每个科目成绩的平均分，每个学生的成绩总分，并标示出学生名次。

（7）在期末总成绩表中，所有成绩保留两位小数，用红色加粗字体标出各科和总分前 10 名的成绩。

（8）为便于打印输出，期末成绩表设置如下：横向打印，所有列只能占一个页面，水平居中打印在纸上。

6.4.2　案例操作说明

打开"学生成绩.et"文件，完成以下操作。

1. 设置工作表标签

右击"学生档案"工作表标签，在打开的快捷菜单中单击"工作表标签颜色"，打开颜色面板，单击"标准色"中的"红色"，如图 6-9 所示。

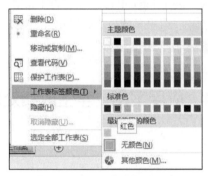

图 6-9　设置工作表标签颜色

2. 计算年龄

因身份证号的第 17 位表示性别，且身份证号中包含出生日期，故可以从已给出的学生身份证号中通过函数提取学生的性别数据和出生日期数据。再利用出生日期值和当前日期值计算学生的年龄。具体操作如下：

（1）单击"学生档案"工作表中的 D2 单元格，输入公式：=IF(MOD(MID(C2,17,1),2)=0, "女","男")，按 Enter 键确认输入。双击填充柄，填充公式到所有需填入性别数据的单元格。

（2）单击"学生档案"工作表中的 E2 单元格，输入公式：=MID(C2,7,4)&"年"&MID(C2,11,2)&"月"&MID(C2,13,2)&"日"，按 Enter 键确认输入。双击填充柄，填充公式到所有需填入出生日期数据的单元格。

（3）单击"学生档案"工作表中的 F2 单元格，输入公式：=INT((TODAY()-E2)/365)，按 Enter 键确认输入。双击填充柄，填充公式到所有需填入年龄数据的单元格。

操作完成后，结果如图 6-10 所示。

	A	B	C	D	E	F	G	H
1	学号	姓名	身份证号码	性别	出生日期	年龄	籍贯	
2	C201417	马小军	110101200801051054	男	2008年01月05日	13	湖北	
3	C201301	曾令铨	110102200612191513	男	2006年12月19日	14	北京	
4	C201201	张国强	110102200703292713	男	2007年03月29日	13	北京	
5	C201424	孙令煊	110102200704271532	男	2007年04月27日	13	北京	
6	C201404	江晓勇	110102200705240451	男	2007年05月24日	13	山西	
7	C201001	吴小飞	110102200705281913	男	2007年05月28日	13	北京	
8	C201422	姚南	110103200703040920	女	2007年03月04日	14	北京	
9	C201425	杜学江	110103200703270623	女	2007年03月27日	13	北京	
10	C201401	宋子丹	110103200704290936	男	2007年04月29日	13	北京	
11	C201439	吕文伟	110103200708171548	女	2007年08月17日	13	湖南	
12	C200802	符坚	110104200610261737	男	2006年10月26日	14	山西	
13	C201411	张杰	110104200703051216	男	2007年03月05日	14	北京	
14	C200901	谢如雪	110105200607142140	女	2006年07月14日	14	北京	
15	C201440	方天宇	110105200610054517	男	2006年10月05日	14	河北	
16	C201413	莫一明	110105200610212519	男	2006年10月21日	14	北京	
17	C201423	徐霞客	110105200611111135	男	2006年11月11日	14	北京	
18	C201432	孙玉敏	110105200706036123	女	2007年06月03日	13	山东	
19	C201101	徐雄杰	110106200703293913	男	2007年03月29日	13	陕西	
20	C201403	张勰杰	110106200705133052	男	2007年05月13日	13	北京	
21	C201437	康秋林	110106200705174819	男	2007年05月17日	13	河北	
22	C201428	陈家洛	110106200707250970	男	2007年07月25日	13	吉林	
23	C201003	苏三强	110107200704230930	男	2007年04月23日	13	河南	
24	C201428	陈万地	110108200611063791	男	2006年11月06日	14	河北	

图 6-10　填入学生档案表数据

3. VLOOKUP 函数使用

（1）单击"语文"工作表中的 B2 单元格，插入函数：=VLOOKUP(A2,学生档案!学生档案,2,FALSE)，从学生档案表中获取学生的姓名数据。按 Enter 键确认输入。双击填充柄，填充公式到所有需填入姓名数据的单元格，结果如图 6-11 所示。

图 6-11　在各学科工作表中填入姓名数据

（2）复制"语文"工作表中的 B2 单元格中的公式到"数学"表中的 B2 单元格，拖动填充柄，填充公式到"数学"表中所有需填入姓名数据的单元格。在其他科目工作表中重复以上操作。

4. 排名和期末总评

（1）单击"语文"工作表中的 F2 单元格，输入公式：=C2*0.3+D2*0.3+E2*0.4。按 Enter 键确认输入。拖动填充柄，填充公式到所有需填入学期成绩数据的单元格。

（2）单击"语文"工作表中的 G2 单元格，输入公式：="第"&RANK(F2,$F$2:$F$45)&"名"。这里需特别注意，单元格区域 F2 至 F45 必须使用绝对引用，表示始终与该区域内数据比较大小确定排名。按 Enter 键确认输入。拖动填充柄，填充公式到所有需填入班级名次数据的单元格。

（3）单击"语文"工作表中的 H2 单元格，输入公式：=IF(F2>=102,"优秀",IF(F2>=84,"良好",IF(F2>=72,"及格","不合格")))。按 Enter 键确认输入。拖动填充柄，填充公式到所有需填入期末总评数据的单元格。结果如图 6-12 所示。

（4）复制"语文"工作表中的 F2、G2、H2 单元格中的公式到"数学"表中的 F2、G2、H2 单元格，拖动填充柄，填充公式到"数学"表中所有需填入数据的单元格。在其他科目工作表中重复以上操作。

5. "格式刷"复制格式

（1）单击"语文"工作表中的全选按钮，选中整个工作表，打开"开始"选项卡，双击"剪贴板"组中的"格式刷"按钮，将"语文"工作表的格式复制到剪贴板。

（2）单击"数学"工作表标签，单击"数学"工作表全选按钮，将格式复制到"数学"工作表。对其他科目工作表进行同样的复制操作。结果如图 6-13 所示。

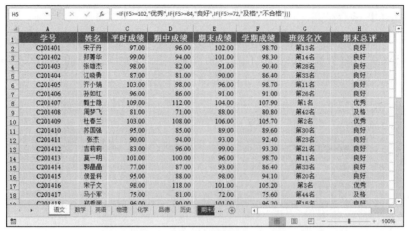

图 6-12　在各学科表中填入数据

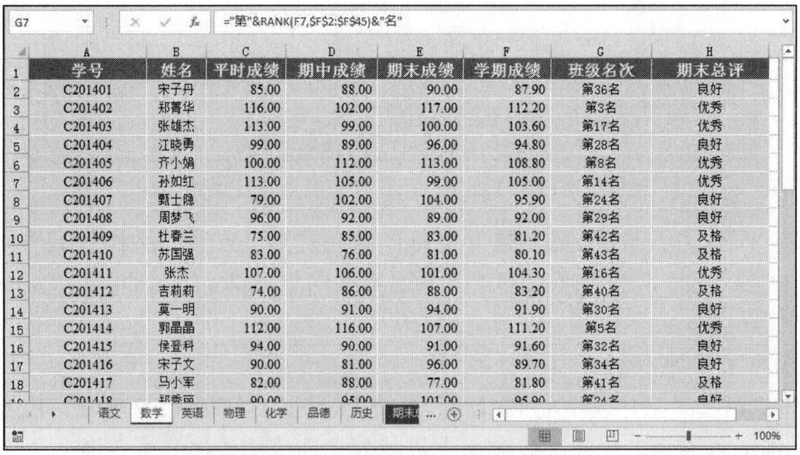

图 6-13　复制格式到其他科目成绩表

6. "期末总成绩"工作表数据计算

（1）单击"期末总成绩"工作表 B3 单元格，输入公式：=VLOOKUP(A3, '学生档案'!学生档案,2,FALSE)。拖动填充柄，填充公式到需填入数据的单元格。

（2）单击 C3 单元格，输入公式：=VLOOKUP(期末总成绩!A3,语文!$A$1:$H$45,6,FALSE)，单击 D3 单元格，输入公式：=VLOOKUP(期末总成绩!A3,数学!$A$1:$H$45,6,FALSE)，单击 E3 单元格，输入公式：=VLOOKUP(期末总成绩!A3,英语!$A$1:$H$45,6,FALSE)，依次在 F3、G3、H3、I3 单元格输入类似公式，注意修改引用工作表的名称。拖动填充柄，填充公式到需填入数据的单元格，从各科目成绩表中将各科目学期成绩数据填入到期末总成绩表中。

（3）单击 C47 单元格，输入公式：=AVERAGE(C3:C46)，计算学生各科成绩平均分。拖动填充柄，填充公式到需填入数据的单元格。

（4）单击 J3 单元格，输入公式：=SUM(C3:I3)，计算学生成绩总分。拖动填充柄，填充公式到需填入数据的单元格。

（5）单击 K3 单元格，输入公式：="第"&RANK(J3,$J$3:$J$46)&"名"，拖动填充柄，填充公式到需填入数据的单元格。结果如图 6-14 所示。

F8				f_x	=VLOOKUP(期末总成绩!A8,物理!$A$1:$H$45,6,FALSE)					
	A	B	C	D	E	F	G	H	I	J	K

第一学期期末成绩表

学号	姓名	语文	数学	英语	物理	化学	品德	历史	总分	总分排名
C201401	宋子丹	98.7	87.9	84.5	93.8	76.2	90	76.9	608	第31名
C201402	郑菁华	98.3	112.2	88	96.6	78.6	90	93.2	656.9	第3名
C201403	张雄杰	90.4	103.6	95.3	93.8	72.3	94.6	74.2	624.2	第16名
C201404	江晓勇	86.4	94.8	94.7	93.5	84.5	93.6	86.6	634.1	第10名
C201405	齐小娟	98.7	108.8	87.9	96.7	75.8	88	88.3	634.2	第9名
C201406	孙如红	91	105	94	75.9	77.9	94.1	88.4	626.3	第13名
C201407	甄士隐	107.9	95.9	90.9	95.6	89.6	90.5	84.4	654.8	第4名
C201408	周梦飞	80.8	92	96.2	73.6	68.9	78.7	93	583.2	第41名
C201409	杜春兰	105.7	81.2	94.5	96.8	63.7	77.4	67	586.3	第40名
C201410	苏国强	89.6	80.1	77.9	76.9	80.5	75.6	67.1	547.7	第43名
C201411	张杰	92.4	104.3	91.8	94.1	75.3	89.3	94	641.2	第8名
C201412	吉莉莉	93.3	83.2	93.5	78.3	67.6	77.2	79.6	572.7	第42名
C201413	莫一明	98.7	91.9	91.2	78.8	81.6	94	88.9	625.1	第14名
C201414	郭晶晶	86.4	111.2	94	92.7	61.6	82.1	89.7	617.7	第23名
C201415	侯登科	94.1	91.6	98.7	86.1	79.7	77	68.4	595.6	第37名
C201416	宋子文	105.2	89.7	93.9	84	62.2	93	89.3	617.3	第24名

数学　英语　物理　化学　品德　历史　**期末总成绩**

80%

图 6-14　填入期末总成绩表数据

7. 条件格式

（1）拖动选择期末总成绩中 C 列至 J 列，打开"开始"选项卡，单击"数字"组中右下角的"设置单元格格式：数字"命令按钮，打开"设置单元格格式"对话框。在"分类"列表框中单击"数值"，设置小数位数为 2。

（2）拖动选择单元格区域 C3:C46，打开"开始"选项卡，单击"条件格式"下拉按钮，在下拉列表中单击"新建规则"，打开"新建格式规则"对话框，在"选择规则类型"列表框中单击"仅对排名靠前或靠后的数值设置格式"。在"为以下排名内的值设置格式"输入框中输入 10，如图 6-15 所示。单击"格式"按钮，在"设置单元格格式"对话框中设置文字颜色为"红色"，字形为"加粗"，单击"确定"按钮对选中区域应用规则。利用格式刷复制 C3:C46 单元格区域的条件格式至其他科目成绩列和总分列条件格式规则，规则设置如图 6-16 所示。

图 6-15　各科目成绩规则设置

图 6-16　规则设置后

8．打印文件

在期末总成绩中单击"文件"→"打印"命令，打印设置如图 6-17 所示。

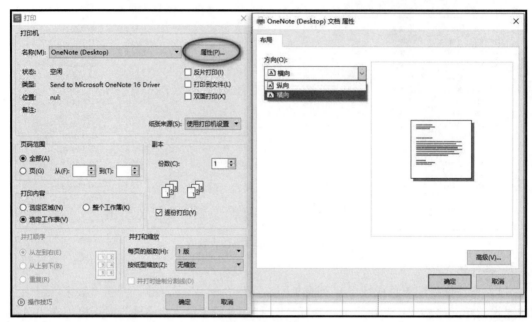

图 6-17　打印设置

习题 6

一、选择题

1．在 WPS 表格编制的员工工资表中，刘会计希望选中所有应用了计算公式的单元格，最优的操作方法是（　　）。

    A．通过"查找和选择"下的"查找"功能，可选择所有公式单元格

    B．按 Ctrl 键，逐个选择工作表中的公式单元格

    C．通过"查找和选择"下的"定位条件"功能定位到公式

    D．通过高级筛选功能可筛选出所有包含公式的单元格

2．WPS 表格的工作表 C 列保存了 11 位手机号码信息，为保护个人隐私，需将手机号码的后 4 位均用*表示。以 C3 单元格为例，可以实现的公式是（　　）。

    A．=MID(C3,7,4,"****")　　　　　　　　B．=MID(C3,8,4,"****")

    C．=REPLACE(C3,7,4,"****")　　　　　　D．=REPLACE(C3,8,4,"****")

3．若希望每次新建 WPS 表格工作簿时，单元格字号均为 12，最快捷的操作方法是（　　）。

    A．将新建工作簿的默认字号设置为 12

    B．每次创建工作簿后，选中工作表中所有单元格，将字号设置为 12

    C．每次完成工作簿的数据编辑后，将所有包含数据区域的字号设置为 12

    D．每次均基于一个单元格字号为 12 的 WPS 表格模板，创建新的工作簿

4. 在 WPS 表格中为一个单元格区域命名的最优操作方法是（　　）。

  A．选择单元格区域，在名称框中直接输入名称并按回车键

  B．选择单元格区域，单击"公式"选项卡中的"指定"按钮

  C．选择单元格区域，单击"公式"选项卡中的"名称管理器"按钮

  D．选择单元格区域，在右键快捷菜单中执行"定义名称"命令

5. 人事部老王正在 WPS 表格中计算本月员工工资，他需要将位于 D 列中的每人基本工资均统一增加 80 元，最优的操作方法是（　　）。

  A．在 D 列右侧增加一列，通过类似公式"=D2+80"计算出新工资，然后复制到 D 列中

  B．直接在 D 列中依次输入增加后的新工资额

  C．通过"选择性粘贴"功能将 80 加到 D 列中

  D．直接在 D 列中依次输入公式"=原数+80"计算出新工资

6. 在 WPS 表格的 A1 单元格中插入系统当前日期的最快捷操作方法是（　　）。

  A．查询系统当前日期，然后在 A1 单元格直接以"年/月/日"的格式输入即可

  B．单击 A1 单元格，按 Ctrl+;组合键

  C．通过"插入"→"日期和时间"命令实现

  D．单击 A1 单元格，按 Ctrl+Shift+;组合键

二、操作题

1. 在"计算机设备全年销量统计表.et"中完成以下操作：

（1）将工作表"平均单价"中的区域 B3:C7 定义名称为"商品均价"。

（2）运用公式计算工作表"销售情况"中 F 列的销售额，要求在公式中通过 VLOOKUP 函数自动在工作表"平均单价"中查找相关商品的单价，并在公式中引用所定义的名称"商品均价"。

2. 在 WPS.et 文件中完成以下操作：

（1）使用公式统计每个活动点所在的省份或直辖市，并将其填写在"地区"列所对应的单元格中，例如"北京市""浙江省"。

（2）依据"费用类别编号"列内容，使用 VLOOKUP 函数，生成"费用类别"列内容。对照关系参考"费用类别"工作表。

（3）利用公式填写"差旅分析报告"工作表中的数据。

3. 在"销售表.et"文件中完成以下操作：

（1）分别在"一季度销售情况表""二季度销售情况表"工作表内计算"一季度销售额"列和"二季度销售额"列内容，均为数值型，不保留小数位数。

（2）在"产品销售汇总图表"内，计算"一二季度销售总量"和"一二季度销售总额"列内容，数值型，不保留小数位数。在不改变原有数据顺序的情况下，按一二季度销售总额给出销售额排名。

第 7 章　WPS 表格的图表操作

为了简洁、直观地表示工作表数据，可以将数据以图形方式显示在工作表中，即使用数据图表表示工作表数据。数据图表比数据本身更加易于表达数据之间的关系，更加形象、生动。在 WPS 中，提供了柱形图、折线图、饼图、条形图等多种类型的图表，图表自动表示出工作表中的数值，当修改工作表数据时，数据图表也会被更新。

学习目标：

- 理解图表的类型及基本作用。
- 掌握创建常用图表的方法。
- 掌握编辑与修饰常用图表的方法。

7.1　图表的创建

图表用于以图形形式显示数值数据系列，使用户更容易理解大量数据以及不同数据系列之间的关系。

7.1.1　图表的类型

WPS 2016 支持多种类型的图表。通过图表可以更直观地显示数据。创建图表或更改现有图表时，可以从各种图表类型及其子类型中进行选择。也可以通过在图表中使用多种图表类型来创建组合图。

1. 柱形图

柱形图用于显示一段时间内的数据变化或说明各项之间的比较情况。在柱形图中，通常沿横坐标轴组织类别，沿纵坐标轴组织值。

2. 条形图

条形图显示各项之间的比较情况。

3. 折线图

折线图可以显示随时间而变化的连续数据，因此非常适用于显示在相等时间间隔下数据的趋势。折线图中，类别数据沿水平轴均匀分布，所有的值数据沿垂直轴均匀分布。

4. 雷达图

雷达图用于比较几个数据系列的聚合值。

5. 股价图

股价图通常用来显示股价的波动，也可用于科学数据。

6. 面积图

面积图强调数量随时间而变化的程度，可用于引起对总值趋势的注意。通过显示所绘制的值的总和，面积图还可以显示部分与整体的关系。

7. 组合图

以列和行的形式排列的数据可以绘制为组合图。组合图将两种或更多图表类型组合在一起，以便让数据更容易理解，特别是数据变化范围较大时。

8. 饼图或圆环图

饼图显示一个数据系列中各项的大小，与各项总和成比例。饼图中的数据点显示为整个饼图的百分比。

9. 散点图（X,Y）

散点图显示若干数据系列中各数值之间的关系，或者将两组数字绘制为 xy 坐标的一个系列。散点图有两个数值轴，沿横坐标轴（x 轴）方向显示一组数值数据，沿纵坐标轴（y 轴）方向显示另一组数值数据。散点图将这些数值合并到单一数据点并按不均匀的间隔或簇来显示它们。散点图通常用于显示和比较数值，例如科学数据、统计数据和工程数据。

10. 气泡图

气泡图可用于展示三个变量之间的关系。它与散点图类似，绘制时将一个变量放在横轴，另一个变量放在纵轴，而第三个变量则用气泡的大小来表示。排列在工作表的列中的数据（第一列中列出 x 值，在相邻列中列出相应的 y 值和气泡大小的值）可以绘制在气泡图中。

7.1.2　创建图表

在 WPS 中，可以通过以下几步操作完成图表的创建。

（1）选择数据源。数据源指用于生成图表的数据对象，可以是一块连续或非连续的单元格区域内的数据。

（2）打开"插入"选项卡，单击"图表"组的"全部图表"按钮，在打开的"插入图表"对话框中单击需要插入的图表的类型即可插入图表，如图 7-1 所示。也可在"图表"组中直接单击某一图表类别，选择要插入的图表类型。

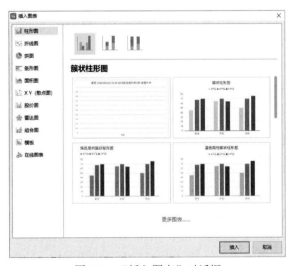

图 7-1　"插入图表"对话框

创建图表后，默认情况下图表作为一个嵌入对象插入工作表中，也可以通过改变图表的位置，把图表作为一个单独的工作表插入。

7.2　图表的编辑与修饰

图表中包含许多元素。在 WPS 中插入图表后，用户可以通过对各个图表元素进行格式编辑，使图表呈现出更清晰的数据关系。

7.2.1　图表的元素

1. 图表区

表示整个图表及其全部元素。

2. 绘图区

绘图区指通过轴来界定的区域。在二维图表中，包括所有数据系列。在三维图表中，包括所有数据系列、分类名、刻度线标志和坐标轴标题。

3. 数据系列和数据点

（1）数据系列：在图表中绘制的相关数据点，这些数据源自数据表的行或列。图表中的每个数据系列具有唯一的颜色或图案并且在图表的图例中表示。可以在图表中绘制一个或多个数据系列。

（2）数据点：在图表中绘制的单个值，这些值由条形、柱形、折线、饼图或圆环图的扇面、圆点和其他被称为数据标记的图形表示。相同颜色的数据标记组成一个数据系列。

4. 坐标轴

坐标轴是界定图表绘图区的线条，用作度量的参照框架。y 轴通常为垂直坐标轴并包含数据。x 轴通常为水平坐标轴并包含分类。数据沿着横坐标轴和纵坐标轴绘制在图表中。

5. 图例

图例是一个方框，为图表中的数据系列或分类指定的图案或颜色的标识。

6. 图表标题

说明性的文本，由用户自己定义，可以自动与坐标轴对齐或在图表顶部居中。

7. 数据标签

可以用来标识数据系列中数据点的详细信息，为数据标记提供附加信息的标签。数据标签代表源于数据表单元格的单个数据点或值。

说明： 默认情况下图表中会显示其中一部分元素，其他元素可以根据需要添加。

7.2.2　图表的编辑

在 WPS 中插入图表后，在功能区将会显示"图表工具"选项卡，通过"图表工具"选项卡中的按钮，用户可以方便地调整各个图表元素的格式，达到更好的呈现效果。

1. 更改图表的布局和样式

WPS 中提供了大量预定义布局和样式，帮助用户快速更改图表的布局和样式。

单击图表区，打开"图表工具"选项卡，单击"快速布局"按钮，可将选定图表布局应用到图表中。如果需改变图表样式，则单击"图表样式"组列表框中的图表样式选项。

2. 添加、删除标题或数据标签

插入图表后，可以给图表添加一个标题，表明图表所展现的大致内容。

（1）添加图表标题。默认情况下，在图表区上方居中位置会显示一个"图表标题"，如图 7-2 所示，单击该"图表标题"，可对标题进行修改。

如果在图表区没有显示图表标题，则单击图表区，打开"图表工具"选项卡，单击"添加元素"下拉按钮，选择下拉列表中的"图表标题"，在下级菜单中单击标题显示位置"居中覆盖"或"图表上方"等，如图 7-3 所示，可添加图表标题。

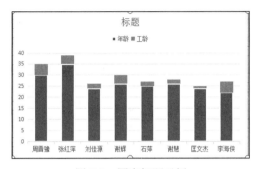

图 7-2　图表标题示例　　　　　　　　　　　　图 7-3　添加图表标题

（2）删除图表标题。单击图表标题边框选中图标标题，按 Delete 键。或在如图 7-3 所示的菜单中单击"无"选项，均可以删除图表标题。

说明：给坐标轴添加标题，操作与添加图表标题类似。

（3）添加数据标签。要给图表添加数据标签，首先需选定待添加数据标签的数据系列。这里需注意的是，鼠标单击的位置不同，选中的对象不同。单击图表区，选中所有数据系列。单击某一个数据系列，则选中跟这个数据系列相同颜色的所有数据系列。

选中对象后，打开"图表工具"选项卡，单击"添加元素"下拉按钮，选择下拉列表中的"数据标签"命令，在如图 7-4 所示的下级菜单中选择数据标签的位置，可插入数据标签。

如需对数据标签进行格式设置，可在如图 7-4 所示的菜单中单击"更多选项"选项，打开"设置数据标签格式"任务窗格，如图 7-5 所示，可在该任务窗格中对数据标签格式进行设置。

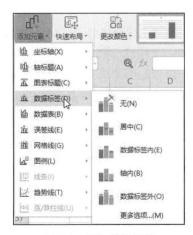

图 7-4　添加数据标签　　　　　　　　　　　图 7-5　设置数据标签格式

3. 显示或隐藏图例

单击图表区，打开"图表工具"选项卡，单击"添加元素"下拉按钮，选择下拉列表中"图例"命令，在下级菜单中选择添加图例的位置。如需隐藏图例，则单击"无"选项。要对图例进行格式设置，则单击"更多选项"选项，在"设置图例格式"任务窗格中进行设置。

说明： 当图表显示图例时，可以通过编辑工作表上的相应数据来修改各个图例项。

4. 显示或隐藏坐标轴或网格线

（1）显示或隐藏坐标轴。单击图表区，打开"图表工具"选项卡，单击"添加元素"下拉按钮，选择下拉列表中"坐标轴"命令，在下级菜单中选择添加主要横向坐标轴或主要纵向坐标轴。如需隐藏坐标轴，则单击相应选项。要对坐标轴进行格式设置，则单击"更多选项"选项，在"设置坐标轴格式"任务窗格中进行设置。

例如，要求设置纵坐标的刻度范围为[0,100]，刻度单位为 5。则单击"更多选项"选项，打开"设置坐标轴格式"任务窗格。单击"坐标轴"选项按钮，设置如图 7-6 所示。

（2）显示或隐藏网格线。单击图表区，打开"图表工具"选项卡，单击"添加元素"下拉按钮，选择下拉列表中"网格线"命令，在下级菜单中选择添加网格线的类型。如需隐藏网格线，则单击相应选项。要对网格线进行格式设置，则单击"更多选项"选项，在"设置主要网格线格式"任务窗格中进行设置。

图 7-6　设置坐标轴格式

7.3　应用案例：绩效表格处理

7.3.1　案例描述

人事部小张要在年终总结前制作绩效表格，收集相关绩效评价并制作相应的统计表和统计图，最后打印存档，请帮其完成相关工作。所有操作均基于素材文档 ET7.xlsx（.xlsx 为文件扩展名）完成。ET7.xlsx 包含 3 个工作表，分别是"员工绩效汇总"工作表，内容如图 7-7；"统计"工作表，内容如图 7-8；"绩效评价"工作表，内容如图 7-9。

（1）在"员工绩效汇总"工作表中，利用"条件格式"功能将"姓名"列中（B2:B201）包含重复值的单元格突出显示为"浅红填充色深红色文本"。

（2）在"员工绩效汇总"工作表的"状态"列（J2:J201）中插入下拉列表，要求下拉列表中包括"确认"和"待确认"两个选项，并且输入无效数据时显示出错警告，错误信息显示为"输入内容不规范，请通过下拉列表选择"字样。

（3）在"员工绩效汇总"工作表的"工龄"列的空白单元格（G2:G201）中输入公式，使用函数 DATEDIF 计算截至今日的"工龄"。注意，每满一年工龄加 1，"今日"指每次打开本工作簿的动态时间。

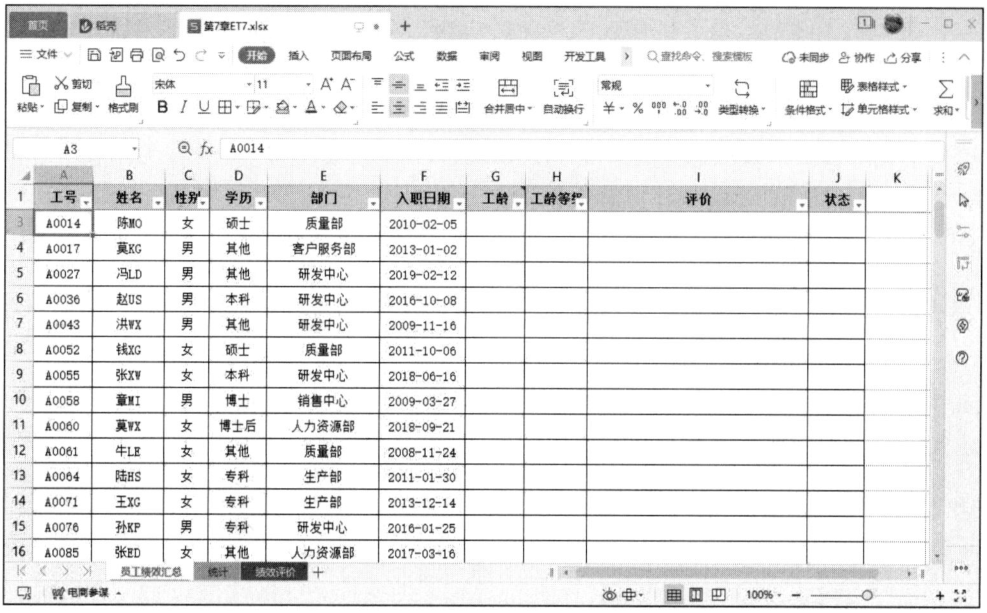

工号	姓名	性别	学历	部门	入职日期	工龄	工龄等级	评价	状态
A0014	陈MO	女	硕士	质量部	2010-02-05				
A0017	莫KG	男	其他	客户服务部	2013-01-02				
A0027	冯LD	男	其他	研发中心	2019-02-12				
A0036	赵US	男	本科	研发中心	2016-10-08				
A0043	洪WX	男	其他	研发中心	2009-11-16				
A0052	钱XG	女	硕士	质量部	2011-10-06				
A0055	张XW	女	本科	研发中心	2018-06-16				
A0058	章MI	男	博士	销售中心	2009-03-27				
A0060	莫WX	女	博士后	人力资源部	2018-09-21				
A0061	牛LE	女	其他	质量部	2008-11-24				
A0064	陆HS	女	专科	生产部	2011-01-30				
A0071	王XG	女	专科	生产部	2013-12-14				
A0076	孙KP	男	专科	研发中心	2016-01-25				
A0085	张ED	女	其他	人力资源部	2017-03-16				

图 7-7　“员工绩效汇总”工作表

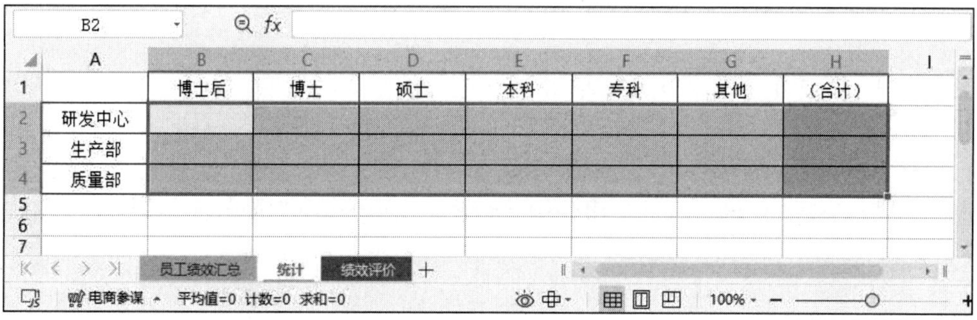

	博士后	博士	硕士	本科	专科	其他	（合计）
研发中心							
生产部							
质量部							

图 7-8　“统计”工作表

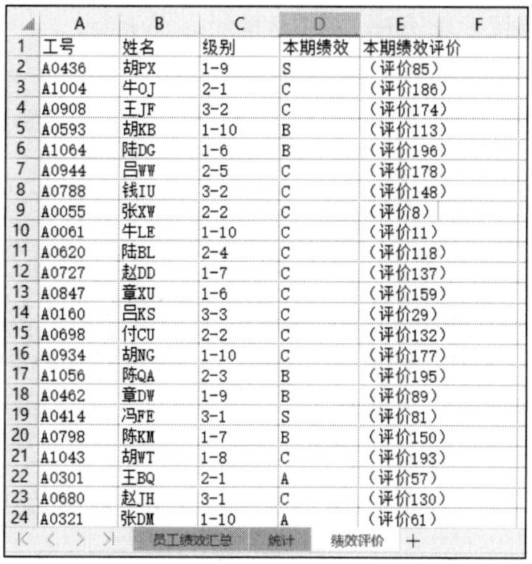

工号	姓名	级别	本期绩效	本期绩效评价
A0436	胡PX	1-9	S	（评价85）
A1004	牛OJ	2-1	C	（评价186）
A0908	王JF	3-2	C	（评价174）
A0593	胡KB	1-10	B	（评价113）
A1064	陆DG	1-6	B	（评价196）
A0944	吕WW	2-5	C	（评价178）
A0788	钱IU	3-2	C	（评价148）
A0055	张XW	2-2	C	（评价8）
A0061	牛LE	1-10	C	（评价11）
A0620	陆BL	2-4	C	（评价118）
A0727	赵DD	1-7	C	（评价137）
A0847	章XU	1-6	C	（评价159）
A0160	吕KS	3-3	C	（评价29）
A0698	付CU	2-2	C	（评价132）
A0934	胡NG	1-10	C	（评价177）
A1056	陈QA	2-3	B	（评价195）
A0462	章DW	1-9	B	（评价89）
A0414	冯FE	3-1	S	（评价81）
A0798	陈KM	1-7	B	（评价150）
A1043	胡WT	1-8	C	（评价193）
A0301	王BQ	2-1	A	（评价57）
A0680	赵JH	3-1	C	（评价130）
A0321	张DM	1-10	A	（评价61）

图 7-9　“绩效评价”工作表

（4）在"员工绩效汇总"工作表的"工龄等级"列的空白单元格（H2:H201）中输入公式，使用函数 IF 计算"工龄等级"。注意，根据 G 列工龄计算：工龄小于 5 年，填入"1 级"，工龄大于等于 5 年小于 10 年，填入"2 级"，工龄大于 10 年，填入"3 级"。

（5）根据"员工绩效汇总"的情况，用 COUNTIFS 函数计算"统计"工作表中各部门各学历的人数，最后用 SUM 函数计算总人数。

（6）根据"绩效评价"的各成员的评价情况，用 VLOOKUP 函数填入"员工绩效汇总"工作表 I 列中各成员的评价。

（7）在"统计"工作表中，根据"部门"的"（合计）"数据，按下列要求制作图表：

1）对三个部门的总人数做一个对比饼图，插入在"统计"工作表中。

2）饼图中需要显示 3 个部门的图例。

3）每个部门对应的扇形需要以百分比的形式显示数据标签。

7.3.2 案例操作说明

1．条件格式

（1）选中 F2:F201 单元格区域，单击"条件格式"下拉按钮，在列表中单击"突出显示单元格规则"级联菜单中的"重复值"命令，打开"重复值"对话框。

（2）在设置值中选中"浅红填充色深红色文本"，单击"确定"按钮。

2．有效性

（1）选中 J2:J201 单元格区域，单击"数据"选项卡中的"有效性"按钮，打开"数据有效性"对话框。

（2）在"设置"选项卡中的"允许"中选中"序列"，在"来源"中输入"确认,待确认"，在"出错警告"选项卡中的"样式"中选中"警告"，在"信息"中输入"输入内容不规范，请通过下拉列表选择"，单击"确定"按钮。

3．工龄计算

（1）选中 G2 单元格，在 G2 单元格中输入公式"=DATEDIF(F:F,TODAY(),"Y")"，按回车键。

（2）双击 G2 单元格的智能填充柄，完成其他行填充。

4．级别计算

（1）选中"员工绩效汇总"工作表中的 H2 单元格，输入公式"=IF(G2<5,"1 级", IF(G2<10,"2 级","3 级"))"，按回车键。

（2）双击 H2 单元格的智能填充柄，完成其他行填充。

5．各部门各学历人数计算

各部门各学历
人数计算

（1）在"统计"工作表 B2 单元格中输入公式"=COUNTIFS(员工绩效汇总!$E$2:$E$201, $A2,员工绩效汇总!$D$2:$D$201, B$1)"，按回车键。

（2）拖动 B2 单元格的智能填充柄到 G2 单元格，即可完成其他行和列计算。

（3）选中 H2 单元格，输入公式"=SUM(B2:G2)"，按回车键完成求和计算，双击智能填充柄，完成其他行填充。

垂直查询函数

6．绩效评价

（1）选中"员工绩效汇总"工作表中的 I2 单元格，单击"插入函数"按钮，打开"插入函数"对话框，找到 VLOOKUP 函数并双击，打开"函数参数"对话框。

（2）在"查找值"中输入"A2"，"数据表"中输入"绩效评价! $A$1:$E$201"，然后在"序列数"中输入"5"，在"匹配条件"中输入"0"，编辑栏出现公式"=VLOOKUP(A2,绩效评价!$A$1:$E$201,5,0)"，单击"确定"按钮。

（3）选中 I2 单元格，双击智能填充柄，完成其他行填充。

7．图表插入

（1）在"统计"工作表，选中 A2:A4 和 H2:H4 单元格区域。单击"插入"选项卡中的"饼图"下拉按钮，在列表中选中"饼图"样式。

（2）单击新插入的图表右侧的"图表元素"按钮，在弹出的菜单中选中"图例"。

（3）在饼图上右击，单击"添加数据标签"命令，选中添加的数据标签，单击右侧的"属性"按钮，打开"属性"窗格。

（4）在标签选项中选中"百分比"复选框，取消选中"值"复选框。结果如图 7-10 所示。

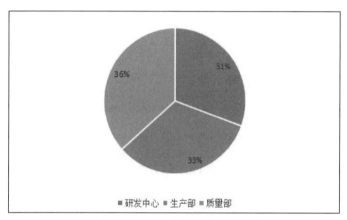

图 7-10　"统计"工作表的饼形图

习题 7

一、选择题

1. 在 WPS 表格中，需要展示公司各部门的销售额占比情况，比较适合的图表是（　　　）。

　　A．柱形图　　　　　B．条形图　　　　　C．饼图　　　　　D．面积图

2. 在 WPS 表格中，要想使用图表绘制一元二次函数图像，应当选择的图表类型是（　　　）。

　　A．散点图　　　　　B．折线图　　　　　C．雷达图　　　　　D．曲面图

3. 在 WPS 表格中，设定与使用"主题"的功能是指（　　　）。

　　A．标题　　　　　　　　　　　B．一段标题文字

　　C．一个表格　　　　　　　　　D．一组格式集合

4．在一份包含上万条记录的 WPS 表格工作表中，每隔几行数据就有一个空行，删除这些空行的最优操作方法是（　　）。

　　A．选择整个数据区域，排序后将空行删除，然后恢复原排序

　　B．选择整个数据区域，筛选出空行并将其删除，然后取消筛选

　　C．选择数据区域的某一列，通过"定位"功能选择空值并删除空行

　　D．按下 Ctrl 键，逐个选择空行并删除

5．小韩在 WPS 表格中制作了一份通讯录，并为工作表数据区域设置了合适的边框和底纹，她希望工作表中默认的灰色网格线不再显示，最快捷的操作方法是（　　）。

　　A．在"页面设置"对话框中设置不显示网格线

　　B．在"视图"选项卡上的"工作表选项"组中取消勾选"显示网格线"

　　C．在后台视图的高级选项下，设置工作表不显示网格线

　　D．在后台视图的高级选项下，设置工作表网格线为白色

6．WPS 表格要为工作表添加"第 1 页，共?页"样式的页眉，最快捷的操作方法是（　　）。

　　A．在页面布局视图中，在页眉区域输入"第&【页码】页，共&【总页数】页"

　　B．在页面布局视图中，在页眉区域输入"第【页码】页，共【总页数】页"

　　C．在页面布局视图中，在页眉区域输入"第&页码\页，共&总页数页"

　　D．在"页面设置"对话框中，为页眉应用"第 1 页，共?页"的预设样式

二、操作题

1．在"期末成绩分析"工作簿中完成以下操作：

（1）在"2020 级法律"工作表最右侧插入"总分""平均分""年级排名"列，利用公式计算这 3 列的值。

（2）在每个科目成绩的最下方插入该科目成绩的成绩趋势图。

2．在"考生成绩单.et"文件中完成以下操作：

（1）将大学物理和大学英语两科成绩中低于 80 分的成绩所在的单元格以一种颜色填充，其他五科中大于或等于 95 分的成绩以另一种颜色标出。

（2）计算每一个学生的总分及平均成绩。

（3）创建一个簇状柱形图，对每个班各科平均成绩进行比较。

3．在 WPS.et 文件中完成以下操作：

（1）对"员工档案表"工作表进行格式调整，将所有工资列设为保留两位小数，适当加大行高和列宽。

（2）根据身份证号填写"员工档案表"工作表的"出生日期"列，单元格格式类型为"'yyyy'年'm'月'd'日"。

（3）根据入职时间计算"员工档案表"的"工龄"列，工作满一年才计入工龄。

（4）引用"工龄工资"工作表中的数据来计算"员工档案表"中员工的工龄工资，在"基础工资"列中计算每个人的基础工资（基础工资=基本工资+工龄工资）。

（5）创建一个饼图，对每个员工的基本工资进行比较，该图表以新工作表的形式插入。

第 8 章 WPS 表格的数据管理

WPS 提供了强大的数据分析与管理功能，可以实现对数据的排序、分类汇总、筛选等操作，帮助用户有效地组织与管理数据。本章所介绍的各项操作，要求在数据清单中避免空行或空列；避免在单元格的开头或末尾键入空格；避免在一个工作表中建立多个数据清单；数据清单和工作表的其他数据之间至少留出一个空列和空行；关键数据置于数据清单的顶部或底部。

学习目标：

- 掌握数据排序与筛选的方法。
- 掌握数据分类汇总的方法。
- 掌握数据合并计算的方法。
- 掌握建立数据透视表和数据透视图的方法。
- 理解对数据的模拟运算和分析。

8.1 数据的排序与筛选

对数据进行排序和筛选是数据分析不可缺少的组成部分。例如，用户可能需要执行以下操作：将名称列表按字母顺序排列；按从高到低的顺序编制产品存货水平列表；筛选数据仅查看某一组或几组指定的值；快速查看重复值等。

8.1.1 排序数据

对数据进行排序有助于快速直观地显示数据并更好地理解数据，有助于组织并查找所需要的数据，有助于最终作出更有效的决策。

1. 单一关键字排序

选择工作表数据清单中作为排序关键字的那一列数据，或者使活动单元格位于排序关键字表列中。打开"数据"选项卡，单击"排序"按钮，再选择"升序"或"降序"命令选项，数据清单将会按所选列数据值的升序或降序排列。

如果需要按所选列数据的颜色或图标排序，则打开"数据"选项卡，单击"排序"按钮，打开如图 8-1 所示的"排序"对话框，在"排序依据"下拉列表中选择排序依据，单击"确定"按钮排序。当需要对排序条件进一步设置时，可单击"选项"按钮，在"排序选项"对话框中设置。

说明：排序的数据类型不同，排序的依据不同。对文本进行排序，将按数据值的字母顺序列。对数值进行排序，将按数据值大小排列。对日期或时间进行排序，将按数据日期先后排序。值得注意的是，如果要排序的列中包含的数字既有作为数字存储的，又有作为文本存储的，则作为数字存储的数字将排在作为文本存储的数字之前。对日期或时间排序，需确保数据均存储为日期时间格式。

图 8-1 "排序"对话框

2. 多关键字排序

在一般的数据处理中，更多的情况是需要按多个关键字对数据进行排序。这时，可在如图 8-2 所示的"排序"对话框中单击"添加条件"按钮，添加次要关键字增加排序条件。

在多关键字排序中，数据清单将按如下顺序排序：

（1）首先按主要关键字的设定顺序排序。

（2）主要关键字值相同的数据，按第一次要关键字设定顺序排序。

（3）第一次要关键字值仍然相同的数据，按第二次要关键字设定顺序排序，依此类推。

3. 按自定义序列排序

在工作表中，数据除了可以按照升序或降序排列，WPS 还允许按用户定义的顺序进行排序。在如图 8-2 所示的对话框中，在"次序"下拉列表中单击"自定义序列"选项，在打开的"自定义序列"对话框中选择一个序列。数据将按选中的序列顺序排序。需要注意的是，自定义序列需要预先定义好，且只能基于值（文本、数字以及日期或时间）创建自定义序列，不能基于格式（单元格颜色、字体颜色或图标）创建自定义序列。

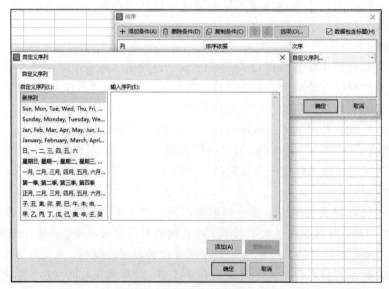

图 8-2 创建自定义序列次序

　　说明：工作表的排序条件随工作簿一起保存，这样，每当打开工作簿时，都会对该表重新应用排序，但不会保存单元格区域的排序条件。如果希望保存排序条件，以便在打开工作簿时可以定期重新应用排序，最好对表进行重新应用排序。这对于多列排序或花费很长时间创建的排序尤其重要。

　　需要注意的是，当重新应用排序时，可能由于以下原因而显示不同的结果：已在单元格区域或表列中修改、添加或删除数据；公式返回的值已改变，已重新计算工作表。

8.1.2　筛选数据

　　使用自动筛选来筛选数据，可以快速而又方便地查找和使用单元格区域或表中数据的子集。如果要筛选的数据需要复杂条件，则可以使用高级筛选。

1．自动筛选

　　使用自动筛选可以创建三种筛选类型：按值列表、按格式或按条件。这里的条件是指限制查询或筛选的结果集中包含哪些数据的条件。对于每个单元格区域或列表来说，这三种筛选类型是互斥的。按如下操作方式可进行自动筛选。

　　首先在数据清单的任一位置单击，该操作是为了保证活动单元格放置在数据清单中。然后打开"数据"选项卡，单击"筛选"按钮，这时在数据清单每一列的第一行会出现一个下拉按钮▼。单击筛选条件值所在数据列上的按钮，如要求显示某成绩表中某门课成绩在 60 分至 90 分之间的数据，则单击该门课成绩所在数据列上的筛选按钮。打开如图 8-3 所示的下拉列表。这时，如果仅需要显示跟某个值相关的数据，则可在最下方的列表框中直接勾选相应的数据值。如果需要设定筛选条件，则单击"数字筛选"（如果数据列的值为文本，则显示"文本筛选"）选项，在下拉列表中单击相应的条件或"自定义筛选"命令，打开如图 8-4 所示的"自定义自动筛选方式"对话框设置筛选条件。

图 8-3　设置自动筛选

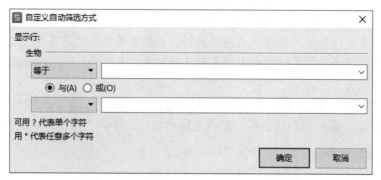

图 8-4　"自定义自动筛选方式"对话框

2. 高级筛选

如果要筛选的数据需要复杂条件时，如在某成绩表中查找某一科目成绩在 100 分以上或另一科目成绩在 100 分以上的数据，可使用高级筛选。

打开"数据"选项卡，单击"高级筛选"对话框启动器按钮，打开如图 8-5 所示的"高级筛选"对话框。在"高级筛选"对话框中使用"列表区域"的数据选取按钮可选择要筛选的数据区域。使用"条件区域"中的数据选取按钮，可选择高级筛选条件区域。

需注意的是，进行高级筛选的数据清单应有列标题，且在进行高级筛选之前，需要先创建高级筛选条件。高级筛选条件的书写规则如下：

条件区域的第一行写有条件限定要求的数据列的列标题。该列需要满足的条件跟列标题写在同一列；需要同时满足的条件，写在条件区域的同一行，不需要同时满足的条件，写在条件区域的不同行。如图 8-5 中所示，表示语文大于或等于 100 分，或数学大于或等于 100 分。

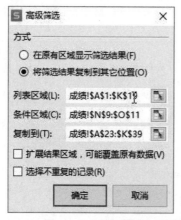

图 8-5　"高级筛选"对话框与高级筛选条件

操作结果如图 8-6 所示。

3. 清除筛选

对单元格区域或表中的数据进行筛选后，可以重新应用筛选以获得最新的结果，或者清除筛选以重新显示所有数据。

当需要清除筛选结果时，打开"数据"选项卡，单击"排序和筛选"组中的"清除"按钮 即可清除筛选，显示所有数据。

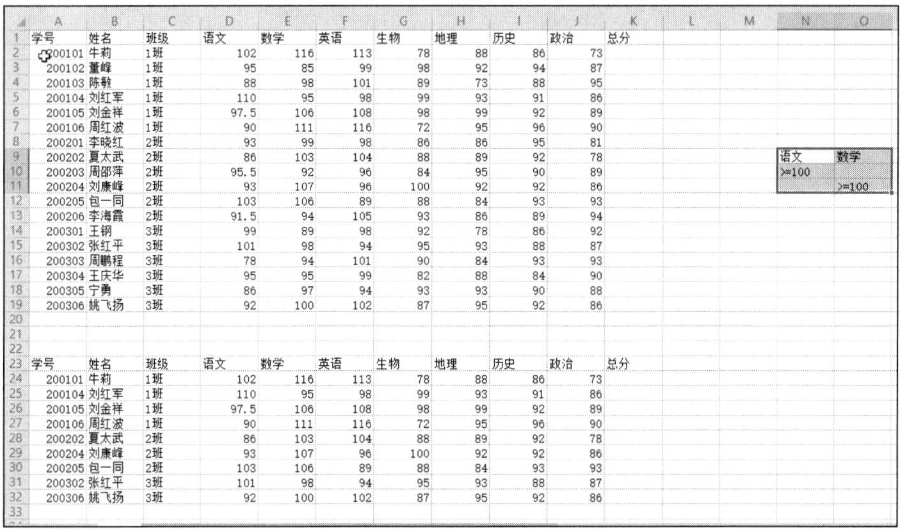

图 8-6　或逻辑的高级筛选结果

说明： 筛选过的数据仅显示满足指定条件的行，并隐藏其他行。筛选数据之后，对于筛选过的数据的子集，不需要重新排列或移动就可以复制、查找、编辑、设置格式、制作图表和打印。

8.2　数据的分类汇总

分类汇总是将数据清单中的数据先按一定的标准分组，然后对同组的数据应用分类汇总函数得到相应行的统计或计算结果。

8.2.1　创建分类汇总

在 WPS 中，可以使用"分类汇总"按钮快速创建分类汇总。需要注意的是，在创建分类汇总之前，数据清单应已经以分类项作为主要关键字进行排序。

1.　创建分类汇总

单击数据清单的任一位置，保证活动单元格放置在数据清单中。打开"数据"选项卡，单击"分类显示"组中的"分级汇总"按钮，在如图 8-7 所示的"分类汇总"对话框中设置分类字段、汇总方式及选定汇总项，单击"确定"按钮创建分类汇总。

例如，要求对每个班级语文、数学、英语三科的成绩进行平均值汇总，则可先按班级的升序或降序对成绩表进行排序，使同班级的数据排列在一起，便于分组显示。然后对成绩表创建分类汇总，其中分类字段设为"班级"，汇总方式为"平均值"，汇总项为"语文""数学""英语"，如图 8-7 所示。表示对三门课程的成绩求平均值，结果将按班级分组显示，如图 8-8所示。

2.　删除分类汇总

在已经创建分类汇总的数据清单中单击任一位置，保证活动单元格放置在数据清单中。打开"数据"选项卡，单击"分级显示"组中的"分类汇总"命令按钮，在"分类汇总"对话框中单击"全部删除"按钮，即可删除分类汇总。

图 8-7 "分类汇总"对话框

	学号	姓名	班级	语文	数学	英语	生物	地理	历史	政治	总分
2	200101	牛莉	1班	102	116	113	78	88	86	73	
3	200102	董峰	1班	95	85	99	98	92	94	87	
4	200103	陈敏	1班	88	98	101	89	73	88	95	
5	200104	刘红军	1班	110	95	98	99	93	91	86	
6	200105	刘金祥	1班	97.5	106	108	98	99	92	89	
7	200106	周红波	1班	90	111	116	72	95	96	90	
8			1班 平均	97.08333333	101.8333333	105.8333333					
9	200201	李晓红	2班	93	99	98	86	86	95	81	
10	200202	夏太武	2班	86	103	104	88	89	92	78	
11	200203	周邵萍	2班	95.5	92	96	84	95	90	89	
12	200204	刘康峰	2班	93	107	96	100	92	92	86	
13	200205	包一同	2班	103	106	89	88	84	93	93	
14	200206	李海霞	2班	91.5	94	105	93	86	89	94	
15			2班 平均	93.66666667	100.1666667	98					
16	200301	王钢	3班	99	89	98	92	78	86	92	
17	200302	张红平	3班	101	98	94	95	93	88	87	
18	200303	周鹏程	3班	78	94	101	90	84	93	93	
19	200304	王庆华	3班	95	95	99	82	88	84	90	
20	200305	宁勇	3班	86	97	94	93	93	90	88	
21	200306	姚飞扬	3班	92	100	102	87	95	92	86	
22			3班 平均	91.83333333	95.5	98					
23			总平均值	94.19444444	99.16666667	100.6111111					

图 8-8 分类汇总结果

8.2.2 分级显示数据

在工作表中，如果数据列表需要进行组合和汇总，则可以创建分级显示。分级最多为 8 个级别，每组一级。使用分级显示可以快速显示摘要行或摘要列，或每组的明细数据。

1. 创建行的分级显示

在创建分级显示前，要确保需分级显示的每列数据在第一行都有标签，在每列中都含有相似的内容，并且该区域不包含空白行或空白列。以用作分组依据的数据的列为关键字进行排序。

（1）创建分类汇总分级显示数据。如图 8-9 所示，对工作表数据进行分类汇后，工作表的最左侧会出现分级显示符号 1 2 3 及显示、隐藏明细数据按钮。

（2）通过组合分级显示数据。在工作表中除了通过插入分类汇总创建分级显示，也可通过"创建组"按钮来创建分级显示。

选中要组合的所有行。打开"数据"选项卡，单击"分级显示"组中的"创建组"按钮，如图 8-10 所示，即可将选中行创建为一个组。以同样的方式创建其他组，数据可实现分级显示。

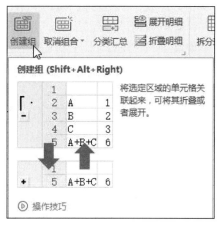

图 8-9　分级显示符号　　　　图 8-10　组合命令

也可以通过对数据列组合来创建列的分级显示，方法与创建行的分级显示类似，只是在选定数据时，需要选中数据列而不是数据行。

说明：分级显示符号是用于更改分级显示工作表视图的符号。通过单击代表分级显示级别的加号、减号和数字 1、2、3 或 4，可以显示或隐藏明细数据。明细数据是指在自动分类汇总和工作表分级显示中，由汇总数据汇总或分组的数据行或列。

2．显示或隐藏组的明细数据

已经建立了分组的数据，可以单击"分级显示"组中的"显示明细数据"或"隐藏明细数据"命令显示或隐藏分组数据。要注意的是，在显示或隐藏分组数据前，需确保活动单元格在要显示或隐藏的组中。

也可通过单击每组数据前的 ➕ 或 ➖ 按钮显示或隐藏数据。

3．删除分级显示

单击鼠标使活动单元格位于分组数据中，打开"数据"选项卡，单击"分级显示"组中的"取消组合"命令按钮，在下拉列表中单击"清除分级显示"命令，即可删除分级显示。

8.3　数据的合并计算与数据透视表

在 WPS 中，若要汇总和报告多个单独工作表中数据的结果，可以使用合并计算操作将每个单独工作表中的数据合并到一个工作表（或主工作表）中。数据透视表是一种可以快速汇总大量数据的交互式方法，若要对多种来源（包括 WPS 的外部数据）的数据进行汇总和分析，则可以使用数据透视表。

8.3.1　数据的合并计算

合并计算

　　　　　　在一个工作表中对数据进行合并计算，可以更加轻松地对数据进行定期或不定期的更新和汇总。

　　　　　　打开"数据"选项卡，单击"合并计算"按钮，如图 8-11 所示。打开"合并计算"对话框，在对话框中单击"函数"下拉按钮，可以选择合并计算的方式（如求和、计数、求平均值等）。单击"引用位置"项的选择按钮，则可以拖动鼠标选择要进行合并计算的数据。单击"添加"按钮，可以将前面选中的数据添加到"所有引用位置"列表框中，如图 8-12 所示。所有合并数据选择完毕后，单击"确定"按钮完成合并计算。

图 8-11　数据工具组　　　　　　　　图 8-12　"合并计算"对话框

　　在数据的合并计算中，所合并的工作表可以与主工作表位于同一工作簿中，也可以位于其他工作簿中。

8.3.2　数据透视表与数据透视图的使用

数据透视表

　　　　　　1．数据透视表

　　　　　　数据透视表是一种交互的、交叉制表的 WPS 报表，对于汇总、分析、浏览和呈现汇总数据非常有用。使用数据透视表可以深入分析数值数据，并且可以回答一些预料不到的数据问题。

　　（1）创建数据透视表。打开"插入"选项卡，单击"表格"组中的"数据透视表"按钮，如图 8-13 所示。打开"创建数据透视表"对话框。在"请选择单元格区域"输入框中输入或选择数据区域。在"请选择放置数据透视表的位置"处选择数据透视表是以一个新的工作表插入，还是插入到现有工作表中（如果是插入到现有工作表中，需要输入或选择插入的位置）。单击"确定"按钮，打开如图 8-15 所示的界面，进行数据透视表布局。在"将字段拖动至数据透视表区域"列表框中选择要布局的字段拖动到下面的"报表筛选""列标签""行标签"及"数值"列表框中，确定字段布局的位置或将要进行汇总的方式。在左边的数据透视表中将同步显示报表的布局变化情况。

图 8-13　"数据透视表"按钮 　　　　　图 8-14　"创建数据透视表"对话框

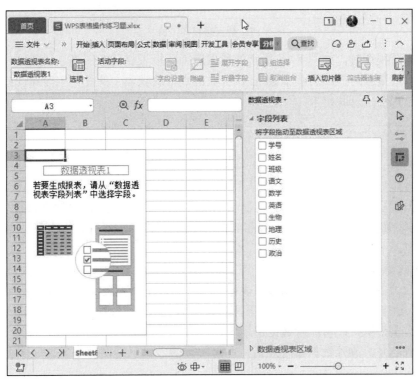

图 8-15　创建数据透视表

（2）数据透视表工具。插入数据透视表后，在功能区将会显示"数据透视表工具"选项卡。通过"数据透视表工具/分析""数据透视表工具/设计"上下文选项卡中的命令，可对数据透视表的位置、数据源、计算方式等进行更改。

例如，单击"数据"组中的"更改数据源"按钮，可以打开"更改数据透视表数据源"对话框，重新选择数据源。单击"操作"组中的"移动数据透表"命令按钮，可以打开"移动数据透视表"对话框，修改数据透视表的插入位置。

图 8-16　"数据透视表工具/分析"选项卡

通过"数据透视表工具"选项卡中的按钮，可更改数据透视表的样式和布局。

2. 创建数据透视图

数据透视图提供数据透视表中的数据的图形表示形式。与数据透视表一样，数据透视图也是交互式的。

单击将活动单元格放入到数据透视表中。打开"数据透视表工具"选项卡，单击"数据透视图"按钮，如图 8-17 所示。打开"插入图表"对话框，选择图表类型，可插入数据透视图。

图 8-17　数据透视图工具按钮

创建数据透视图时，如图 8-18 所示的数据透视图报表相关按钮将显示在图表区中，以便用户排序和筛选数据透视图的基本数据。相关联的数据透视表中的任何字段布局或数据更改将同步在数据透视图中反映出来。

图 8-18　数据透视图相关按钮

插入数据透视图后，在功能区将会显示"数据透视表工具/设计""数据透视表工具/分析"上下文选项卡，在其中可以对数据透视图的图表元素进行编辑及修改，编辑方法和普通图表的编辑方法类似。

3. 删除数据透视表

单击将活动单元格放入到数据透视表中。打开"数据透视表工具/分析"上下文选项卡，单击"操作"组中的"选择"按钮，在下拉列表中单击"整个数据透视表"选项。选中数据透视表后，按 Delete 键，即可删除数据透视表。

需要注意的是，删除数据透视表后，与之关联的数据透视图将变为普通图表，从数据源中取值。

如果需要删除数据透视图，在数据透视图的图表区单击，再按 Delete 键即可删除。

8.4　模拟分析

模拟分析可为工作表中的公式尝试各种值，显示某些值的变化对公式计算结果的影响。模拟运算使同时求解某一运算中所有可能的变化值的组合成为了现实。

8.4.1　单变量求解

单变量模拟运算主要用来分析当其他因素不变时，一个参数的变化对目标值的影响。当知道需要的结果时，常用单变量求解来寻找合适的输入。

例如，已经知道某商品的成本和价格，现在该商品的销售公司希望该商品每个月的利润总额不少于 50 万元，销售经理想要知道每月至少需要售出多少该商品才能完成盈利目标。则可以在 WPS 中进行如下操作。

打开"数据"选项卡，单击"预测"组中的"模拟分析"下拉按钮，在下拉列表中单击"单变量求解"，如图 8-19 所示。打开"单变量求解"对话框，如图 8-20 所示，其中"目标单元格"（该单元格中需已填入计算公式）输入框的值为计算每月利润总额的单元格地址，"目标值"输入框中填入值 500000，"可变单元格"输入框中输入销量所在单元格地址，单击"确定"按钮，计算结果如图 8-21 所示。

图 8-19　"模拟分析"按钮

图 8-20　"单变量求解"对话框

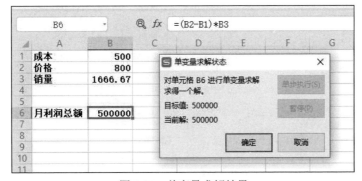

图 8-21　单变量求解结果

8.4.2　规划求解

规划求解功能可以解决生产和经营决策过程中的一些规划问题，如何以最小的代价获得最大的利润。

例如，某公司有三个项目可以进行投资，项目期限是两年，每年投资额不超过 100 万元，用规划求解计算，使公司投资获得最大收益。

在工作表中输入原始数据：每个项目每年投资额和两年的总收益。B6:D6 区域是对应各项目是否投资的目标区域，用二进制 0 或 1 表示不投资或投资。B7 单元格中显示最大收益。B8 和 B9 为每年投资总额的约束条件，如图 8-22 所示。

▲	A	B	C	D
1		项目一	项目二	项目三
2	第一年投资	40	40	20
3	第二年投资	20	40	50
4	总收益	100	160	150
5				
6	是否投资			
7	最大收益			
8				
9	约束条件1			
10	约束条件2			

图 8-22　原始数据表

单击 B7 单元格，输入：=SUMPRODUCT($B$4:$D$4,$B$6:$D$6)。单击 B9 单元格，输入：=SUMPRODUCT($B$2:$D$2,$B$6:$D$6)。单击 B10 单元格，输入：=SUMPRODUCT($B$3:$D$3,$B$6:$D$6)。

单击 B6 单元格，单击"数据"选项卡下的"模拟分析"下拉列表中的"规划求解"命令，如图 8-19 所示。打开"规划求解参数"对话框。

在"规划求解参数"对话框中，在"设置目标"输入框中输入"$B$7"，"到"后选择"最大值"，在"通过更改可变单元格"输入框中输入"$B$6:$D$6"，单击"添加"按钮，在"添加约束"对话框中设置约束条件$B$9<=100，单击"确定"按钮。重复添加，设置约束条件"$B$10<=100,$B$6:$D$6=二进制"。设置后如图 8-23 所示。

图 8-23　规划求解参数设置

单击"求解"按钮，在"规划求解结果"对话框中单击"确定"按钮。求解结果如图 8-24 所示。

◢	A	B	C	D
1		项目一	项目二	项目三
2	第一年投资	40	40	20
3	第二年投资	20	40	50
4	总收益	100	160	150
5				
6	是否投资	0	1	1
7	最大收益	310		
8				
9	约束条件1	60		
10	约束条件2	90		

图 8-24　规划求解结果

8.5　获取外部数据和数据链接

8.5.1　获取外部数据

通过获取外部数据命令，在 WPS 工作表中可以从文本、数据库等文件中获取数据。

打开"数据"选项卡，单击如图 8-25 所示的"导入数据"按钮。

打开"第一步：选择数据源"对话框，如图 8-26 所示，单击"选择数据源"按钮，打开"打开"对话框。

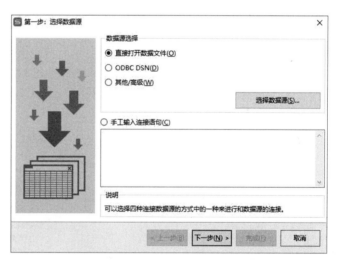

图 8-25　获取外部数据　　　　　　　图 8-26　"第一步：选择数据源"对话框

在"打开"对话框中选择需从中获取数据的文本文件，如图 8-27 所示，单击"打开"按钮，打开如图 8-28 所示的"文件转换"对话框。

单击"下一步"按钮，打开"文本导入向导-3 步骤之 1"对话框，如图 8-29 所示，设置导入起始行（即从文件的第几行开始提取数据）等。

单击"下一步"按钮，打开"文本导入向导-3 步骤之 2"对话框，如图 8-30 所示，设置分列数据的分隔符。默认情况下分隔符是"Tab 键"，可在数据预览列表框预览数据分列效果。如果需要设置为其他符号，可以勾选"其他"复选框，输入分隔符。在导入数据时，将按此处指定的分隔符将数据分隔为多列。

图 8-27 "打开"对话框

图 8-28 "文件转换"对话框

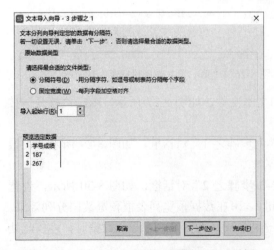

图 8-29 "文本导入向导-3 步骤之 1"对话框

图 8-30 "文本导入向导-3 步骤之 2"对话框

单击"下一步"按钮，打开"文本导入向导-3 步骤之 3"对话框，如图 8-31 所示，可设置列数据类型。默认为"常规"类型，也可根据设置需求更改为其他类型，单击"完成"按钮。

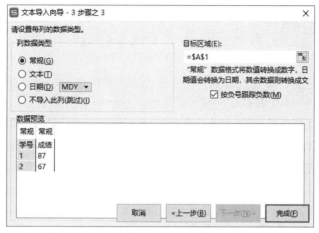

图 8-31　"文本导入向导-3 步骤之 3"对话框

8.5.2　数据链接与共享

为了快速访问另一个文件中或网页上的相关信息，可以在工作表单元格中插入超链接，还可以在特定的图表元素中插入超链接。

1．插入超链接

在工作表中单击要插入超链接的对象。打开"插入"选项卡，单击"超链接"按钮。打开"超链接"对话框，在"链接到"列表框中可以选择要链接文件的位置。如果是与其他文件链接，单击"源有文件或网页"选项，如图 8-32 所示。如果是与本文件中的对象链接，单击"本文档中的位置"选项。在"查找范围"列表框中可以选择具体要链接的对象。在"要显示的文字"输入框中可以设置单击链接时屏幕上显示的提示性文字。

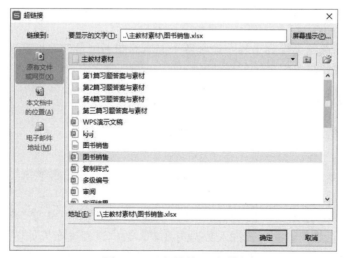

图 8-32　"超链接"对话框

设置完成，单击"确定"按钮，为指定对象插入超链接。当鼠标单击该对象时，即可跳转到所链接的对象。

通过超链接，在 WPS 中可以实现不同位置、不同文件之间的跳转。

2. 与其他程序共享数据

（1）与 Word、PowerPoint 共享数据。在 WPS 中创建的表格可以方便地应用于 Word 或 PowerPoint 文件中。

首先在 WPS 中复制要插入的数据，然后在 Word 或 PowerPoint 文件中右击，打开右键快捷菜单，在"粘贴选项"中选择粘贴方式，可将数据复制到指定的 Word 或 PowerPoint 文件中。

（2）与早期版本的微软用户交换工作簿。在 WPS 文件中，如果希望使用低版本微软用户能够打开文件，可以将文件保存为"Microsoft Excel 97-2003 文件(*.xls)"。单击"文件"→"另存为"命令，在打开的"另存文件"对话框中可以选择文件的保存类型。需要注意的是，将文件保留为早期版本类型，文档中的某些格式和功能将不被保留。

根据应用需求，还可能保存为其他多种类型的文件。例如，当不希望文档中的格式或数据被轻易更改，可将文件保存为 PDF 类型。

8.6 应用案例：图书销售情况统计分析

8.6.1 案例描述

某图书销售公司要求销售部助理针对 2015 年和 2016 年的公司产品销售情况进行统计分析，以便制订 2017 年新的销售计划和工作任务。公司提供了产品销售的原始数据，也提出了数据统计需求，具体要求如下：

（1）分析"订单明细"表中的数据，统计每个地区各个书店每种图书的销售总额，给出图表呈现。

（2）筛选出 2015 年和 2016 年销量在 40 本以上（含 40）的图书分别放置在两个新工作表中，新工作表分别命名为"2015 年获折扣图书销售情况表"和"2016 年获折扣图书销售情况表"。

（3）对以上筛选结果排列出各个地区各个书店的图书销量的高低情况。

（4）完成"统计报告"表中的统计数据。

8.6.2 案例操作说明

打开"图书销售.et"文件，完成以下操作。

1. 数据透视表

通过数据透视表，可实现对每个地区各个书店每种图书的销售额统计，并可以在数据透视表中插入数据透视图进行图表展示。具体操作如下：

（1）单击"订单明细"工作表标签。打开"插入"选项卡，单击"表格"组中的"数据透视表"按钮，以新工作表的形式插入数据透视表。数据透视表布局如图 8-33 所示。单击数据透视表"所属区域"位置的筛选按钮，可以选择显示各个地区的统计数据。如图 8-34 中显示的是北区的各个书店的每种图书的销售额统计数据。

图 8-33　数据透视表布局

图 8-34　北区销售额额情况

（2）打开"数据透视表工具/分析"上下文选项卡，单击"工具"组中的"数据透视图"按钮，插入三维簇状柱形图。在图表中可以通过筛选按钮控制显示数据系列。图 8-35 显示的是东区各个书店《C 语言程序设计》《计算机组成与接口》两本图书的销售额。可以看到，数据透视图与数据透视表的数据是关联的，数据透视图中的筛选结果也呈现在数据透视表中。

注意：为了便于后期处理数据，此处最好对数据透视表所在工作表重命名，避免使用系统默认名称。

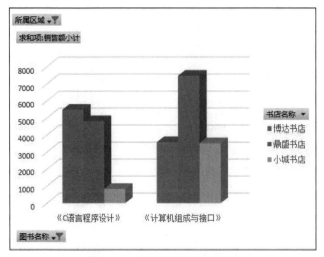

图 8-35 数据透视图呈现结果

2. 高级筛选

（1）单击工作表标签旁边的"插入工作表"按钮，插入两个新工作表。右击新工作表标签，在打开的快捷菜单中单击"重命名"命令，更改工作表名称为"2015 年获折扣图书销售情况表"和"2016 年获折扣图书销售情况表"。

（2）在两个新工作表中分别输入如图 8-36 和图 8-37 所示的高级筛选条件，在"2015 年获折扣图书销售情况表"中打开"数据"选项卡，单击"高级筛选"对话框启动器按钮。在"高级筛选"对话框，"列表区域"选取订单明细表中的除表格标题以外的数据区域。"条件区域"选取输入的高级筛选条件区域，筛选结果位置选择 A4 单元格，表示将结果复制到工作表中从 A4 开始的单元格区域，如图 8-38 所示。筛选结果如图 8-39 所示。在"2016 年获折扣图书销售情况表"工作表中做相同的操作。

	A	B	C
1	日期	日期	销量（本）
2	>=2015/1/1	<=2015/12/31	>=40

图 8-36 2015 年数据筛选条件

	A	B	C
1	日期	日期	销量（本）
2	>=2016/1/1	<=2016/12/31	>=40

图 8-37 2016 年数据筛选条件

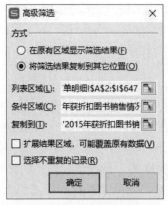

图 8-38 高级筛选区域设置

图 8-39　高级筛选结果

3．排序

（1）在"2015 年获折扣图书销售情况表"中选中 A4 单元格开始的数据区域，打开"数据"选项卡，单击"排序"按钮。

（2）在"排序"对话框中添加排序关键字如图 8-40 所示。单击"确定"按钮生成排序结果，如图 8-41 所示。在"2016 年获折扣图书销售情况表"中进行相同的操作。

图 8-40　添加排序关键字

书店名称	图书名称		单价	销量（本）	发货地址		所属区域
销量（本）							
>=40							
博达书店	《C语言程序设计》	¥	39.40	50			北区
博达书店	《软件测试技术》	¥	44.50	49			北区
博达书店	《Access数据库程序设计》	¥	38.60	48			北区
博达书店	《Access数据库程序设计》	¥	38.60	48			北区
博达书店	《Access数据库程序设计》	¥	38.60	45			北区
博达书店	《计算机组成与接口》	¥	37.80	43			北区
博达书店	《计算机组成与接口》	¥	37.80	43			北区
博达书店	《软件工程》	¥	39.30	42			北区
博达书店	《Access数据库程序设计》	¥	38.60	42			北区
鼎盛书店	《数据库原理》	¥	43.20	49			北区
鼎盛书店	《操作系统原理》	¥	41.10	49			北区

图 8-41　排序结果

4. 统计报告

（1）单击"统计报告"工作表标签，单击 B3 单元格，单击编辑栏上的"插入函数"按钮 fx。在"插入函数"对话框中选择 SUMIFS 函数。设置函数参数如图 8-42 所示。单击"确定"按钮插入函数。

图 8-42　SUMIFS 函数参数设置

（2）单击 B4 单元格，输入公式：=SUMIFS(表 1[销售额小计],表 1[图书名称],"《MS Office 高级应用》",表 1[日期],">=2015/1/1",表 1[日期],"<=2015/12/31")。

（3）单击 B5 单元格，输入公式：=SUMIFS(表 1[销售额小计],表 1[书店名称],"小城书店", 表 1[日期],">=2016/7/1",表 1[日期],"<=2016/9/30")。

（4）单击 B6 单元格，输入公式：=AVERAGEIFS(表 1[销售额小计],表 1[日期],">=2015/1/1", 表 1[日期],">=2015/12/31",表 1[书店名称],"小城书店")。

（5）单击 B7 单元格，输入公式：=SUMIFS(表 1[销售额小计],表 1[书店名称],"小城书店", 表 1[日期],">=2016/1/1",表 1[日期],"<=2016/12/31")/SUM(表 1[销售额小计])。在"单元格格式设置"对话框中设置 B7 单元格的数字格式为百分比。结果如图 8-43 所示。

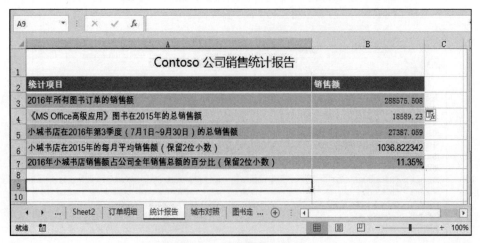

图 8-43　销售额统计结果

习题 8

一、选择题

1．在 WPS 表格工作表中存放了第一中学和第二中学所有班级总计 300 个学生的考试成绩，A 列到 D 列分别对应学校、年级、学号、成绩，利用公式计算第一中学 3 班的平均分，最优的操作方法是（　　）。

  A．=SUMFS(D2:D301,A2:A301,"第一中学",B2:B301."3 班")/COUNTIFS(A2:A301,"第一中学",B2:B301,"3 班")

  B．=SUMIFS(D2:D301.B2:B301."3 班")/COUNTIFS(B2:B301,"3 班")

  C．=AVERAGEIFS(D2:D301,A2:A301,"第一中学",B2:B301,"3 班")

  D．=AVERAGEIF(D2:D301.A2:A301."第一中学",B2:B301,"3 班")

2．在 WPS 表格中，若要在一个单元格输入两行数据，最优的操作方法是（　　）。

  A．将单元格设置为"自动换行"，并适当调整列宽

  B．输入第一行数据后，直接按 Enter 键换行

  C．输入第一行数据后，按 Shift+Enter 组合键换行

  D．输入第一行数据后，按 Alt+Enter 组合键换行

3．老王正在 WPS 表格中计算员工本年度的年终奖金，他希望与存放在不同工作簿中的前三年奖金发放情况进行比较，最优的操作方法是（　　）。

  A．分别打开前三年的奖金工作簿，将它们复制到同一个工作表中进行比较

  B．通过全部重排功能，将 4 个工作簿平铺在屏幕上进行比较

  C．通过并排查看功能，分别将今年与前 3 年的数据两两进行比较

  D．打开前 3 年的奖金工作簿，需要比较时在每个工作簿窗口之间进行切换查看

4．在 WPS 表格某列单元格中，快速填充 2011 至 2013 年每月最后一天日期的最优操作方法是（　　）。

  A．在第一个单元格中输入 2011-1-31，然后使用 MONTH 函数填充其余 35 个单元格

  B．在第一个单元格中输入 2011-1-31，拖动填充柄，然后使用智能标记自动填充其余 35 个单元格

  C．在第一个单元格中输入 2011-1-31，然后使用格式刷直接填充其余 35 个单元格

  D．在第一个单元格中输入 2011-1-31，然后执行"开始"选项卡中的"填充"命令

5．以下对 WPS 表格高级筛选功能，说法正确的是（　　）。

  A．高级筛选通常需要在工作表中设置条件区域

  B．利用"数据"选项卡中的"排序和筛选"组内的"筛选"命令可进行高级筛选

  C．高级筛选之前必须对数据进行排序

  D．高级筛选就是自定义筛选

6．小李在 WPS 表格中制作了一份通讯录，并为工作表数据区域设置了合适的边框和底纹，她希望工作表中默认的灰色网格线不再显示，最快捷的操作方法是（　　）。

  A．在"页面设置"对话框中设置不显示网格线

　　B．在"视图"选项卡中取消勾选"显示网格线"

　　C．在"页面布局"选项卡中设置工作表不显示网格线

　　D．在"页面布局"选项卡中设置工作表网格线为白色

二、操作题

1．在"计算机设备全年销量统计表.et"中完成以下操作：

（1）应用公式计算"销售情况"工作表中的"销售额"列的值。

（2）为"销售情况"工作表中的销售数据创建一个数据透视表，放置在一个名为"数据透视分析"的新工作表中，要求针对各类商品比较各门店每个季度的销售额。其中：商品名称为报表筛选字段，店铺为行标签，季度为列标签，并对销售额求和。

（3）对数据透视表进行格式设置，使其更加美观。

（4）根据生成的数据透视表，在透视表下方创建一个簇状柱形图，图表中仅对各门店 4 个季度笔记本的销售额进行比较。

2．在"工资表.et"中完成以下操作：

（1）参考"工资薪金所得税率"工作表，计算应交个人所得税（应交个人所得税=应纳税所得额×对应税率-对应速算扣除数）。

（2）计算"实发工资"列，公式为：实发工资=应付工资合计-扣除社保-应交个人所得税。

（3）复制"2016 年 3 月"工作表，并命名为"分类汇总"。在"分类汇总"工作表中求出各部门"应付工资合计""实发工资"的和，每组数据不分页。

3．在 WPS.xlsx 文件中完成以下操作：

（1）将"销售统计"表中的"单价"列数值格式设为会计专用，保留 2 位小数。

（2）在"销售统计"工作表的"销量"列右侧增加一列"销售额"，根据公式"销售额=销量×单价"计算各类图书销售额。

（3）为"销售统计"工作表创建一个数据透视表，放在一个名为"数据透视分析"的新的工作表中。

（4）为数据透视表数据创建一个类型为饼图的数据透视图，设置数据标签显示在外侧，图表标题为"12 月份计算机图书销量"。

第 9 章　WPS 演示的基本操作

用 WPS 演示创建的文件叫做演示文稿文件，其扩展名为.pptx。一个演示文稿包含若干个页面，每个页面就是一张幻灯片。幻灯片是 WPS 演示操作的主体。WPS 演示文稿的创建、编辑等操作是使用 WPS 演示的基础。

学习目标：

- 了解 WPS 演示的操作界面。
- 理解演示文稿的各种视图模式。
- 掌握演示文稿的基本操作与幻灯片的内容编辑。

9.1　WPS 演示操作界面

WPS 演示的操作窗口以及操作方法与 WPS 文字类似，但也有其特殊性。使用 WPS 演示，首先了解 WPS 演示的操作界面。

9.1.1　WPS 演示窗口的组成

WPS 演示窗口包括选项卡、功能区、幻灯片窗格、"幻灯片/大纲"窗格、备注窗格、任务窗格等，如图 9-1 所示。

图 9-1　WPS 演示窗口

任务窗格位于窗口的右侧，将常用对话框中的命令及参数设置以窗格的形式长时间显示在屏幕的右侧，可以进行快速操作，从而提高工作效率。不同的操作所显示的任务窗格的内容不一样。

9.1.2　WPS 演示的基本概念

1．演示文稿

一份演示文稿就是一个 WPS 演示文件，由若干张幻灯片组成，WPS 演示文稿生成文件后默认扩展名为.pptx，如果保存时文件类型选择"WPS 演示文件"，则扩展名为.dps。这些幻灯片相互关联，共同演示了该演示文稿要表达的内容。

2．幻灯片

幻灯片可以包含文字、图形、表格等各种可以输入和编辑的对象。制作演示文稿，实际上就是创建一张张幻灯片。

3．WPS 演示视图

视图是 WPS 演示中加工演示文稿的工作环境，包括普通视图、幻灯片浏览视图、备注页视图、阅读视图。每种视图都包含特定的功能区、命令按钮等组件，可以对幻灯片进行不同方面的加工。在一种视图中进行的修改，会自动反映到其他的视图中。其实，不同的视图只不过是同一演示文稿的不同表现形式而已。

4．备注页

备注页一般用来建立、修改和编辑演讲者备注，可以记录演讲者演示所需的提示重点，专门为演讲者本人提供有关演示文稿的注释资料。

5．版式

幻灯片版式是指幻灯片中对象的布局。它包括对象的种类和对象与对象之间的关系。Office 主题下的版式包括"标题幻灯片""标题和内容""节标题""两栏内容""比较""仅标题""空白""图片与标题""竖排标题与文本""内容""末尾幻灯片"。其中，新建的演示文稿文件第一张幻灯片自动设置为"标题幻灯片"，以后插入的新幻灯片默认版式为"标题和内容"。

6．母板和占位符

母版是一种特殊的幻灯片，包含了幻灯片文本和页脚（如日期、时间和幻灯片编号）等占位符，通常包括幻灯片母版、讲义母版、备注母版三种形式。

占位符就是预先定义输入标题、文本、图片、表格、图表等的地方，这些占位符，控制了幻灯片的字体、字号、颜色（包括背景色）、阴影和项目符号样式等版式要素。

7．设计方案

设计方案决定了幻灯片的主要外观，包括背景、预制的配色方案和背景图像等。WPS 演示在"设计"选项卡下的功能区中提供了多种设计方案供用户使用。

9.2　WPS 演示基本操作

演示文稿一般由一系列幻灯片组成，幻灯片是演示文稿编辑加工的主体。在组织编辑演示文稿时，为使文稿内容更连贯，文稿意图表达得更清楚，经常需要通过插入、删除、移动以及复制幻灯片来逐渐完善演示文稿。

9.2.1　创建与保存演示文稿

1. 创建 WPS 演示文稿

创建演示文稿有如下几种方法。

（1）单击"首页"中"新建"按钮，在"新建"窗口中，单击"演示"按钮，单击"新建空白文档"按钮。

（2）单击"文件"菜单中的"新建"→"新建"命令，在"新建"窗口中，单击"演示"按钮，单击"新建空白文档"按钮。

（3）单击"首页"中的"新建"按钮，在"新建"窗口中，单击"演示"按钮，根据需要选择模板类型，则可以创建具有统一规格、统一框架的文档，如图 9-2 所示。

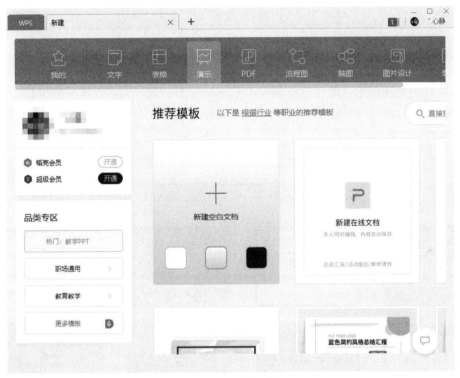

图 9-2　"新建"窗口

2. 保存演示文稿

在演示文稿的编辑过程中，注意随时保存正在编辑的演示文稿。保存演示文稿常见的方法如下。

（1）单击快速访问工具栏上的"保存"按钮，可以保存一个演示文稿。如果是第一次保存，弹出"另存为"对话框。

（2）单击"文件"→"保存"命令，可以保存一个演示文稿。如果是第一次保存，弹出"另存为"对话框。

（3）单击"文件"→"另存为"命令，弹出"另存为"对话框。

9.2.2　演示文稿视图模式

单击"视图"选项卡，在"视图"功能区有各种视图的按钮，单击按钮可切换到相应的视图，如图 9-3 所示。

图 9-3　演示文稿视图

1. 普通视图

普通视图是 WPS 演示的默认视图，是主要的编辑视图，可用于撰写或设计演示文稿。普通视图主要分为三个窗格：左侧为"幻灯片/大纲"窗格，右侧为编辑窗格，底部为备注窗格，如图 9-1 所示。

2. 幻灯片浏览视图

在幻灯片浏览视图中，既可以看到整个演示文稿的全貌，又可以方便地进行幻灯片的组织，可以轻松地移动、复制和删除幻灯片，设置幻灯片的放映方式、动画特效和进行排练计时，如图 9-4 所示。

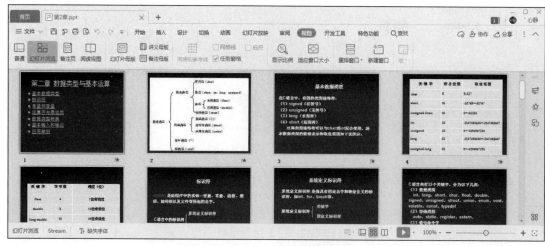

图 9-4　幻灯片浏览视图

3. 备注页视图

备注的文本内容虽然可通过普通视图的备注窗格输入，但是在备注页视图中编辑备注文字更方便一些。在备注页视图中，幻灯片和该幻灯片的备注页同时出现，备注页出现在下方，尺寸也比较大，用户可以拖动滚动条显示不同的幻灯片，以编辑不同幻灯片的备注页，如图 9-5 所示。

4. 阅读视图

在阅读视图时，幻灯片在计算机上呈现全屏外观，用户可以在全屏状态下审阅所有的幻灯片。

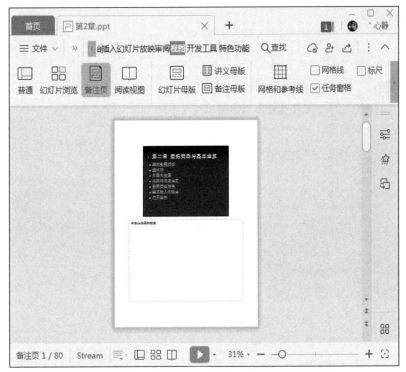

图 9-5　备注页视图

9.2.3　幻灯片的基本操作

在演示文稿中，可以对演示文稿中的幻灯片进行操作，比如添加新幻灯片，删除无用的幻灯片，复制幻灯片，移动幻灯片等。

1. 选择幻灯片

在普通视图下，单击"幻灯片/大纲"窗格中的"幻灯片"选项卡下的缩略图，或单击"幻灯片/大纲"窗格中的"大纲"选项卡下的幻灯片编号后的图标就可以选定相应的幻灯片。

在幻灯片浏览视图下，只需要单击窗口中的幻灯片缩略图即可选中相应的幻灯片。

在备注页视图中，若当前活动窗格为"幻灯片"窗格时，要转到上一张幻灯片，可按 PageUp 键；要转到下一张幻灯片，可按 PageDown 键；要转到第一张幻灯片，可按 Home 键；要转到最后一张幻灯片，可按 End 键。

2. 插入幻灯片

一般情况下演示文稿由多张幻灯片组成，在 WPS 演示中用户可以根据需要在任意位置手动插入新的幻灯片，操作如下：

选定当前幻灯片，打开"开始"选项卡，单击"新建幻灯片"按钮，或者右击幻灯片缩略图，在弹出的快捷菜单上单击"新建幻灯片"命令，将会在当前幻灯片的后面快速插入一张版式为"标题和内容"的新幻灯片，如图 9-6 所示。

单击幻灯片缩略图下方的"+"号按钮，则会弹出不同模板的展示页，选择所需要的模板，如图 9-7 所示。

图 9-6　插入新幻灯片

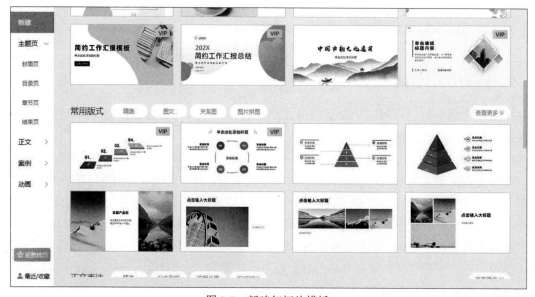

图 9-7　新建幻灯片模板

3．移动幻灯片

移动就是将幻灯片从演示文稿的一处移到演示文稿中另一处。移动幻灯片的操作步骤如下：

（1）利用菜单命令或工具按钮移动。选定要移动的幻灯片，打开"开始"选项卡，单击"剪切"按钮，或者右击选择快捷菜单的"剪切"命令，选择目的点（目的点和幻灯片的插入点的选择相同），单击"剪贴板"组的"粘贴"按钮，或者右击，选择快捷菜单的"粘贴"命令。

（2）利用鼠标拖拽。选定要移动的幻灯片，按住鼠标左键进行拖动，这时窗格上会出现一条插入线，当插入线出现在目的点时，松开鼠标左键完成移动。

　　注意：如果要同时移动、复制或删除多张幻灯片，按住 Shift 键并单击选定多张位置相邻的幻灯片，或者按住 Ctrl 键并单击选定多张位置不相邻的幻灯片，然后执行相应的操作即可。

　　4．复制幻灯片

　　（1）利用菜单命令或工具按钮复制。打开"开始"选项卡，单击"剪贴板"组的"复制"按钮，或者右击，选择快捷菜单的"复制"命令，选择目的点（目的点和幻灯片的插入点的选择相同），单击"剪贴板"组的"粘贴"按钮，或者右击，选择快捷菜单的"粘贴"命令。

　　（2）利用鼠标拖拽。选定要复制的幻灯片，按住 Ctrl 键的同时按住鼠标左键进行拖动，这时窗格上会出现一条插入线，当插入线出现在目的点时，松开 Ctrl 键和鼠标左键完成复制。

　　5．删除幻灯片

　　选定要删除的幻灯片，右击，选择快捷菜单中的"删除幻灯片"命令，或者按 Delete 键删除。

9.2.4　幻灯片的分节操作

　　为了使演示文稿内容逻辑更清晰，结构分明，且更加方便用户组织演示文稿，WPS 演示提供了幻灯片分节功能。

幻灯片中插入节

　　1．新增节

　　在普通视图或幻灯片浏览视图中，在两张需要分节的幻灯片缩略图之间右击，在快捷菜单中单击"新增节"命令，则插入一个名为"无标题节"的幻灯片节。

　　2．重命名节

　　右击要重命名的节名称，单击快捷菜单中的"重命名节"命令，在"重命名"对话框中输入新名称，单击"重命名"按钮即可。

　　3．节的操作

- 选择节：单击节名称。
- 展开/折叠节：单击节名称左侧的三角形图标。
- 展开/折叠所有节：右击节名称，单击快捷菜单里的"全部折叠"或"全部展开"命令。
- 移动节：单击节名称，直接拖动到指定位置。或者右击，选择快捷菜单中的相应命令。
- 删除节：右击要删除的节名称，选择快捷菜单里的"删除节"命令。
- 删除节中的幻灯片：单击节名称，按 Delete 键即可删除当前节以及节中的幻灯片。

9.3　在幻灯片中插入各种对象

　　在 WPS 演示幻灯片中，可以插入文本、图形、智能图形、图像（片）、图表、音频、视频、艺术字等对象，从而增强幻灯片的表现力。

9.3.1　插入文本对象

　　文本对象是幻灯片中的基本要素之一，合理地组织文本对象可以使幻灯片更能清楚地说明问题，恰当地设置文本对象的格式可以使幻灯片更具吸引力。

1. 文本的插入

在幻灯片中插入文本有以下几种常用方法。

（1）利用占位符输入文本。通常，在幻灯片上添加文本的最简易的方式是直接将文本输入到幻灯片的任何占位符中。例如应用"标题幻灯片"版式，幻灯片上占位符会提示"空白演示"，单击之后即可输入文本，如图 9-8 所示。

图 9-8　在占位符中添加文本

（2）利用文本框输入文本。如果要在占位符以外的地方输入文本，可以先在幻灯片中插入文本框，再向文本框中输入文本。有如下方法。

1）如果要添加不自动换行的文本，打开"插入"选项卡，单击"文本框"按钮，在下拉列表中单击"横向文本框"或"竖向文本框"命令（图 9-9），单击幻灯片上要添加文本框的位置，即可开始输入文本，输入文本时文本框的宽度将增大自动适应输入文本的长度，但是不会自动换行。

2）如果要添加自动换行的文本，打开"插入"选项卡，单击"文本框"按钮，在下拉列表中单击"横向文本框"或"竖向文本框"命令，并在幻灯片中拖动鼠标插入一个文本框，再向文本框输入文本即可，这时文本框的宽度不变，但会自动换行。

图 9-9　插入文本框

（3）在"幻灯片/大纲"窗格中输入文本。在"幻灯片/大纲"窗格中单击"大纲"选项卡，定位插入点，直接通过键盘输入文本内容即可，按回车键新建一张幻灯片。如果在同一张幻灯片上继续输入下一级的文本内容，按回车键后，再按 Tab 键产生降级。相同级别的用回车键换行，不同级别的可以使用 Tab 键降级和 Shift+Tab 键升级进行切换。

2．文本格式的设置

如同 WPS 文字一样，在"开始"选项卡的"字体"和"段落"组中，可设置文本格式，设置段落格式的项目符号、编号、行距，段落间距等。

9.3.2　插入图片对象

图片是 WPS 演示文稿最常用的对象之一，图片可以是剪贴画也可以来自文件，使用图片可以使幻灯片更加生动形象。可直接向幻灯片中插入图片，也可使用图片占位符插入图片。

1．在带有图片版式的幻灯片中插入图片

将要插入图片的幻灯片切换为当前幻灯片，插入一张带有图片占位符版式的幻灯片，然后单击"单击此处添加文本"占位符中的"插入图片"按钮，如 9-10 所示，弹出"插入图片"对话框，选择要插入的图片，单击"插入"按钮即可插入。

图 9-10　带有图片占位符版式的幻灯片

2．直接插入来自文件的图片

选定要插入图片的幻灯片，打开"插入"选项卡，单击"图片"按钮，弹出"插入图片"对话框，选择要插入的图片，单击"打开"按钮即可插入，如图 9-11 所示。

图 9-11　直接插入图片

3．插入图片库中的图片

选定要插入图片的幻灯片，打开"插入"选项卡，单击"图片"下拉按钮，弹出如图 9-12 所示的下拉列表，选择要插入的图片，单击该图片即可插入。

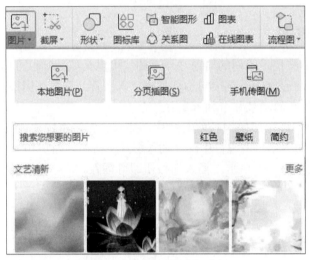

图 9-12   "图片"下拉列表

9.3.3 插入表格

在 WPS 演示中，可直接向幻灯片中插入表格，也可在带有表格占位符版式的幻灯片中插入表格。

1．在带有表格占位符版式的幻灯片中插入表格

插入一张"标题与内容"版式的幻灯片，然后单击"单击此处添加文本"占位符中的"插入表格"按钮，弹出"插入表格"对话框，如图 9-13 所示，输入列数和行数，单击"确定"按钮即可插入。

2．直接插入表格

选定要插入表格的幻灯片，打开"插入"选项卡，单击"表格"下拉按钮，有三种插入表格的方法：拖动鼠标（图 9-14）；使用"插入表格"命令；使用"插入内容型表格"命令。

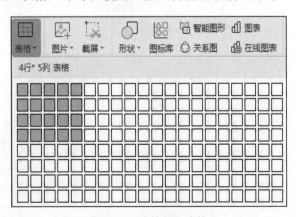

图 9-13   用占位符插入表格   图 9-14   直接插入表格

9.3.4　插入图表

幻灯片中图表的插入

图表能比文字更直观地描述数据，而且它几乎能描述任何数据信息。所以，当需要用数据来说明一个问题时，就可以利用图表直观明了地表达信息特点。可直接向幻灯片中插入图表，也可在带有图表占位符版式的幻灯片中插入图表。方法与表格插入类似。

（1）在选择了包含有图表占位符版式的幻灯片中插入图表，只需单击"插入图表"按钮。弹出默认样式的图表，如图 9-15 所示。

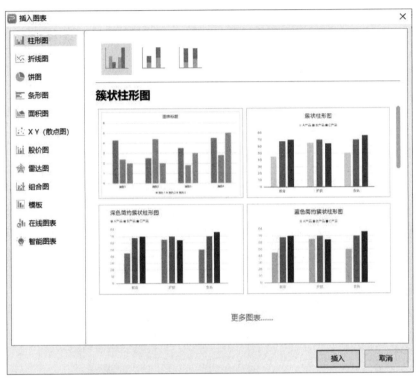

图 9-15　插入图表

（2）在如图 9-15 所示的对话框中选择一种图形，单击"插入"按钮，此时，在文档中插入图表，并打开了"图表工具"选项卡。如图 9-16 所示。

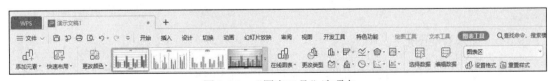

图 9-16　"图表工具"选项卡

（3）单击"编辑数据"按钮，自动进入 WPS 表格应用程序。在该电子表格中输入相应的数据，即可把根据这些数据生成的图表插入到幻灯片中，如图 9-17 所示。

要编辑图表，只要双击该图表即可，弹出"对象属性"任务窗格，该窗格中，可以对填充、效果、大小与属性等格式进行修改，如图 9-18 所示。

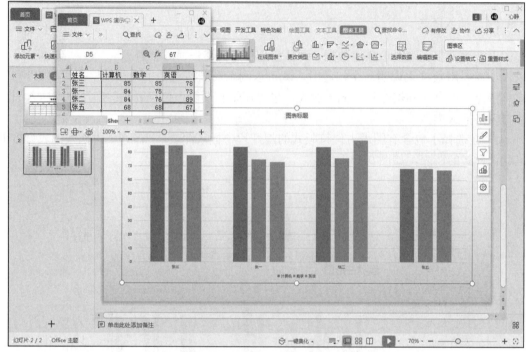

图 9-17   数据与生成的图表

如果要更改图表的类型，重新编辑数据，在图表中右击，在弹出的快捷菜单中选择相应的命令，如图 9-19 所示。或者通过"图表工具"选项卡下功能区的各种按钮设置。

图 9-18   "对象属性"任务窗格

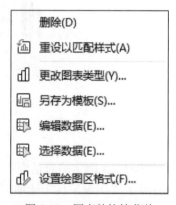

图 9-19   图表的快捷菜单

9.3.5 插入智能图形

WPS 提供了一种全新的智能图形，用来取代以前的组织结构图。智能图形是信息和观点的视觉表示形式。可以通过从多种不同布局中选择来创建智能图形，从而快速、轻松、有效地传达信息。创建智能图形时，系统将提示您选择一种智能图形类型，例如"流程""层次结构""循环"或"关系"等。

在 WPS 演示中，可直接向幻灯片中插入智能图形。在"插入"选项卡下插入智能图形，只需单击"智能图形"按钮，弹出"选择智能图形"对话框，如图 9-20 所示。

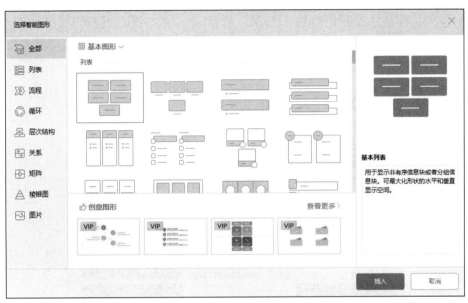

图 9-20　"选择智能图形"对话框

在"选择智能图形"对话框的"列表"列表框中选择一种图示类型，单击"插入"按钮完成插入，接下来可以在插入的智能图形中键入文字，如图 9-21 所示。

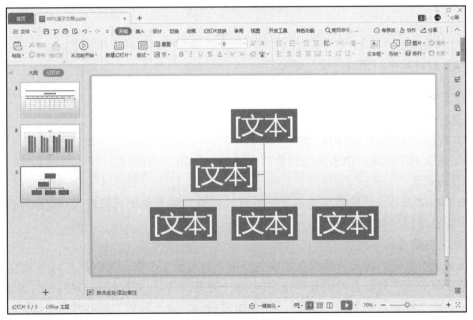

图 9-21　智能图形

9.3.6　插入艺术字

在 WPS 演示中，可直接向幻灯片中插入艺术字。

选定要插入艺术字的幻灯片，打开"插入"选项卡，单击"艺术字"下拉按钮，选定一种艺术字即可插入，如图 9-22 所示。

图 9-22   插入艺术字

如同 WPS 文字一样，WPS 演示还可插入形状、公式等。

9.3.7   幻灯片中对象的定位与调整

对象是表、图表、图形或其他形式的信息。

1. 选取对象

（1）选取一个对象：单击对象。

（2）选取多个对象：单击每个对象的同时按下 Shift 或 Ctrl 键。

2. 移动对象

选取要移动的对象，将对象拖动到新位置，若要限制对象使其只进行水平或垂直移动，可在拖动对象时按 Shift 键。

3. 改变对象叠放层次

添加对象时，它们将自动叠放在单独的层中。当对象重叠在一起时用户将看到叠放次序，上层对象会覆盖下层对象上的重叠部分。右击某一对象，在弹出的快捷菜单中指向"置于顶层"，会弹出子菜单"置于顶层"和"上移一层"；如果指向"置于底层"则会弹出子菜单"置于底层"和"下移一层"，通过这些命令可以调整对象的叠放层次，如图 9-23 所示。也可以选中对象以后，打开"绘图工具"上下文选项卡，单击功能区的"上移一层"和"下移一层"下拉按钮，在弹出的下拉列表中选择相应的命令，如图 9-24 所示。

4. 对齐对象

选取至少两个要排列的对象，打开"绘图工具"选项卡，单击的"对齐"下拉按钮，在弹出的下拉列表中进行相应的选择，如图 9-25 所示。

图 9-23　改变对象叠放层次

图 9-24　"绘图工具"选项卡

图 9-25　"对齐"下拉列表

5. 组合和取消组合对象

用户可以将几个对象组合在一起，以便能够像使用一个对象一样地使用它们，用户可以将组合中的所有对象作为一个对象来进行翻转、旋转、调整大小或缩放等操作，还可以同时更改组合中所有对象的属性。

（1）组合对象。选择要组合的对象（按住 Ctrl 键依次单击要选择的对象），打开"绘图工具"上下文选项卡，单击"组合"下拉按钮，在弹出的下拉列表中单击"组合"命令，如图 9-26 所示。

（2）取消组合对象。选择要取消组合的组，打开"绘图工具"上下文选项卡，单击"组合"下拉按钮，在弹出的下拉菜单中单击"取消组合"命令。

图 9-26　"组合"命令

9.3.8　插入页眉、页脚、编号和页码

打开"插入"选项卡，单击"页眉页脚"命令按钮，弹出如图 9-27 所示的"页眉和页脚"对话框。

1. "幻灯片"选项卡

"幻灯片包含内容"选项组用来定义每张幻灯片下方显示的日期、时间、幻灯片编号和页脚，其中"日期和时间"复选框下包含两个按钮，如果选中"自动更新"单选按钮，则显示在幻灯片下方的时间随计算机当前时间自动变化，如果选中"固定"单选按钮，则可以输入一个固定的日期和时间。

"标题幻灯片不显示"复选框可以控制是否在标题幻灯片中显示其上方所定义的内容。

选择完毕，可单击"全部应用"按钮或"应用"按钮。

2. "备注和讲义"选项卡

"备注和讲义"选项卡主要用于设置供演讲者备注使用的页面内容，如图 9-28 所示。在此选项卡设置的内容只有在幻灯片以备注和讲义的形式打印时才有效。

图 9-27　"页眉和页脚"对话框　　　　　图 9-28　"备注和讲义"选项卡

选择完毕，单击"全部应用"按钮将设置的信息应用于当前演示文稿中的所有备注和讲义。

9.4　应用案例：WPS 演示的基本操作

9.4.1　案例描述

（1）新建一个 WPS 空白演示文档，将第一张幻灯片的版式设置为"标题幻灯片"，然后将其保存在桌面上并命名为"静夜思"。

（2）在第一张幻灯片的主标题中输入"静夜思"，副标题输入"——李白"。

（3）在第一张幻灯片后插入第二张幻灯片，设置版式为"标题和内容"，并在标题处输入"静夜思"，在下面文本框中输入 4 行内容"床前明月光，疑是地上霜。举头望明月，低头思故乡"。

（4）在第二张幻灯片之后插入第三张幻灯片，版式设置为"两栏内容"，标题栏输入"作者简介"，左边文本框中输入三行内容"字太白，号青莲居士""伟大的浪漫诗人""有'诗仙'之称"，在右边文本框中插入"李白"图片。

（5）在第三张幻灯片之后插入第四张幻灯片，版式设置为"空白"，插入文本框并输入"Thank you!"，字号为"60"。

（6）将第二张幻灯片的项目符号设置为"√"。

（7）在每张幻灯片的日期区域插入演示文稿的日期并设置为自动更新。

9.4.2　案例操作说明

（1）新建一个 WPS 演示空白文档文件并保存。

1）单击"首页"的"新建"按钮，单击"演示"下的"新建空白文档"按钮，打开 WPS 演示文稿界面，如图 9-29 所示。

图 9-29　WPS 演示文稿界面

2）单击第一张幻灯片，打开"开始"选项卡，单击"版式"下拉按钮，在弹出的下拉列表中单击"标题幻灯片"命令。

3）单击"文件"→"保存"命令，打开"另存文件"对话框，如图 9-30 所示。

图 9-30   "另存文件"对话框

4）在左窗格中选择"我的桌面"。

5）在"文件名"输入框中输入"静夜思"。

6）单击"保存"按钮。

注意：此时 WPS 演示文档的标题栏上的标题已经变成了"静夜思"。

（2）输入主标题和副标题。

1）单击第一张幻灯片。

2）单击幻灯片中"单击此处编辑标题"占位符，并输入"静夜思"。

3）单击"单击输入您的封面副标题"占位符，并输入"——李白"。

（3）插入第二张幻灯片。

1）选择第一张幻灯片。

2）打开"开始"选项卡，单击"新建幻灯片"下拉按钮，单击下拉列表中的"标题和内容"按钮。

3）单击"单击此处添加标题"占位符，并输入"静夜思"。

4）单击"单击此处添加文本"并输入 4 行文本内容"床前明月光，疑是地上霜。举头望明月，低头思故乡"，如图 9-31 所示。

在 WPS 演示文稿中，第一张幻灯片默认是"标题幻灯片"，其他的幻灯片默认是"标题和内容"幻灯片。

（4）插入第三张幻灯片。

1）选择第二张幻灯片。

2）打开"开始"选项卡，单击"新建幻灯片"下拉按钮，单击下拉列表中的"两栏内容"命令。

图 9-31　插入第二章幻灯片后的效果

3）单击"单击此处添加标题"并输入"作者简介"。

4）单击左边的"单击此处添加文本"并分三行输入"字太白，号青莲居士""伟大的浪漫诗人""有'诗仙'之称"。

5）单击右边占位符中的"插入图片"，打开"插入图片"对话框，找到"李白"文件，如图 9-32 所示，单击"打开"按钮。

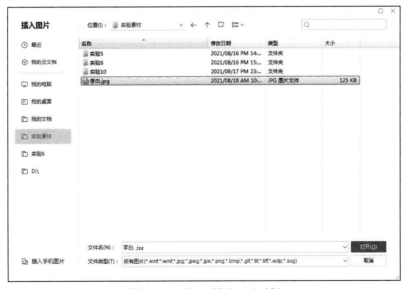

图 9-32　"插入图片"对话框

（5）插入第四张幻灯片。

1）单击第三张幻灯片下面空白处。

2）按回车键，插入新幻灯片。

3）打开"开始"选项卡，单击"幻灯片"组中的"版式"下拉按钮，在弹出的下拉列表中单击"空白"按钮。

4）打开"插入"选项卡，单击"文本框"下拉按钮，单击下拉列表中的"横向文本框"命令，然后用鼠标左键在空白幻灯片上拖出一个矩形框并输入"Thank you!"，选择文本，设置字号为"60"，效果如图 9-33 所示。

图 9-33   插入文本框后的效果

（6）项目符号设置。

1）选中第二张幻灯片的文本。

2）打开"开始"选项卡，单击"项目符号"下拉按钮，打开如图 9-34 所示的下拉列表。

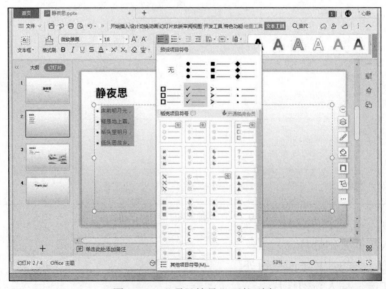

图 9-34   "项目符号"下拉列表

3）选择项目符号"√"。

（7）插入日期和时间。

1）单击"插入"选项卡下"日期和时间"按钮，弹出如图 9-35 所示的对话框。

图 9-35　"页眉和页脚"对话框

2）勾选"日期和时间"前的复选框，然后选择"自动更新"单选按钮。

3）单击"全部应用"按钮。

习题 9

一、选择题

1. 在 WPS 演示中，需要将所有幻灯片中设置为"宋体"的文字全部修改为"微软雅黑"，最优的操作方式是（　　）。

 A．通过"替换字体"功能，将"宋体"批量替换为"微软雅黑"

 B．在幻灯片中逐个找到设置为"宋体"的文本，并通过"字体"对话框将字体修改为"微软雅黑"

 C．将"主题字体"设置为"微软雅黑"

 D．在幻灯片母版中通过"字体"对话框，将标题和内容占位符中的字体修改为"微软雅黑"

2. 在 WPS 演示中，关于幻灯片浏览视图的用途，描述正确的是（　　）。

 A．对幻灯片的内容进行编辑修改及格式调整

 B．对所有幻灯片进行整理编排或顺序调整

 C．对幻灯片的内容进行动画设计

 D．观看幻灯片的播放效果

3. 在 WPS 演示中，不支持插入的对象是（　　）。

 A．图片　　　　　B．视频　　　　　C．音频　　　　　D．书签

4. WPS 演示中，如果需要对某页幻灯片中的文本框进行编辑修改，则需要进入（   ）。

    A. 普通视图   B. 幻灯片浏览视图

    C. 阅读视图   D. 放映视图

5. 在 WPS 演示中可以通过分节来组织演示文稿中的幻灯片，在幻灯片浏览视图中选中一节中所有幻灯片的最优方法是（   ）。

    A. 单击节名称即可

    B. 按住 Ctrl 键不放，依次单击节中的幻灯片

    C. 选择节中的第 1 张幻灯片，按住 Shift 键不放，再单击节中的末张幻灯片

    D. 直接拖动鼠标选择节中的所有幻灯片

6. WPS 演示中可以通过多种方法创建一张新幻灯片，下列操作方法错误的是（   ）。

    A. 在普通视图的幻灯片缩略图窗格中，定位光标后按 Enter 键

    B. 在普通视图的幻灯片缩略图窗格中右击，从快捷菜单中选择"新建幻灯片"命令

    C. 在普通视图的幻灯片缩略图窗格中定位光标，单击"开始"选项卡中的"新建幻灯片"按钮

    D. 在普通视图的幻灯片缩略图窗格中定位光标，单击"插入"选项卡中的"新建幻灯片"按钮

7. 若将 WPS 演示幻灯片中多个圆形的圆心重叠在一起，最快捷的操作方法是（   ）。

    A. 借助智能参考线，拖动每个圆形使其位于目标圆形的正中央

    B. 同时选中所有圆形，设置其"左右居中"和"垂直居中"

    C. 显示网络线，按照网络线分别移动圆形的位置

    D. 在"设置形状格式"对话框中，调整每个圆形的"位置"参数

8. 在 WPS 演示文稿中利用"幻灯片/大纲"窗格组织、排列幻灯片中的文字时，输入幻灯片标题后进入下一级文本输入状态的最快捷方法是（   ）。

    A. 按 Ctrl+Enter 组合键

    B. 按 Shift+Enter 组合键

    C. 按 Enter 键后，从右键快捷菜单中选择"降级"

    D. 按 Enter 键后，再按 Tab 键

二、操作题

1. 文明用餐宣讲会。

打开素材文件夹下的素材文档 WPP.pptx（.pptx 为文件扩展名），后续操作均基于此文件。

为了倡导文明用餐，制止餐饮浪费行为，形成文明、科学、理性、健康的饮食消费理念，我校宣传部决定开展一次全校师生的宣讲会，以加强宣传引导，汪小苗将负责为此次宣传会制作一份演示文稿，请帮助她完成这项任务。

（1）通过编辑母版功能，对演示文稿进行整体性设计：

1）将素材文件下的"背景.png"图片统一设置为所有幻灯片的背景。

2）将素材文件夹下的图片"光盘行动 logo.png"批量添加到所有幻灯片页面的右上角，然后单独调整"标题幻灯片"版式的背景格式，使其"隐藏背景图形"。

3）将所有幻灯片中的标题字体统一修改为"黑体"。将所有应用了"仅标题"版式的幻灯片（第 2、4、6、8、10 页）的标题字体颜色修改为"自定义颜色"，RGB 值为"红色 248、绿色 192、蓝色 165"。

（2）将过渡页幻灯片（第 3、5、7、9 页）的版式布局更改为"节标题"版式。

（3）按下列要求，对标题幻灯片（第 1 页）进行排版美化：

1）美化幻灯片标题文本，为主标题应用艺术字的预设样式"渐变填充-金色，轮廓-着色 4"，为副标题应用艺术字的预设样式"填充-白色，轮廓-着色 5，阴影"。

2）为幻灯片标题设置动画效果，主标题以"劈裂"方式进入，方向为"中央向左右展开"；副标题以"切入"方式进入，方向为"自底部"，并设置动画开始方式为"鼠标单击时，主、副标题同时进入"。

（4）按下列要求，为演示文稿设置目录导航的交互动作：

1）为目录幻灯片（第 2 页）中的 4 张图片分别设置超链接，使其在幻灯片放映状态下，通过单击跳转到相对应的节标题幻灯片（第 3、5、7、9 页）。

2）通过编辑母版，为所有幻灯片统一设置返回目录的超链接，要求在幻灯片放映状态下，通过单击各页幻灯片右上角的图片，跳转到目录幻灯片。

（5）按下列要求，对第 4 页幻灯片进行排版美化：

1）将素材文件夹下的"锄地.png"图片插入到本页幻灯片右下角位置。

2）为两段内容文本设置段落格式，段落间距为段后 10 磅，1.5 倍行距，并应用"小圆点"样式的预设项目符号。

（6）按下列要求，对第 6 页幻灯片进行排版美化：

1）将"近期各国收紧粮食出口的消息"文本框设置为"五边形"箭头的预设形状。

2）将 3 段内容文本分别置于 3 个竖向文本框中，并沿水平方向依次并排展示，相邻文本框之间以 10 厘米高、1 磅粗的白色"直线"形状分隔，并适当进行排版对齐。

（7）将第 8 张幻灯片中的三段文本用智能图形中的"梯形列表"来展示，梯形列表的方向修改为"从右往左"，颜色更改为预设的"彩色-第 4 个色值"，并将整体高度设置为 8 厘米，宽度设置为 25 厘米。

（8）按下列要求，对第 10 页幻灯片进行排版美化：

1）将文本框的"文字边距"设置为"宽边距"（上、下、左、右边距各 0.38 厘米），并将文本框的背景填充颜色设置为"透明度 40%"。

2）为图片应用"柔化边缘 25 磅"效果，将图层置于文本框下方，使其不遮挡文本。

（9）为第 4、6、8、10 页幻灯片设置"平滑"切换方式，实现"居安思危"等标题文本从上一页平滑过渡到本页的效果，切换速度设置为 3 秒。除此以外的其他幻灯片均设置为"随机"切换方式，切换速度设置为 1.5 秒。

2．中国电子商务行业发展现状及趋势分析演示文稿制作。

前瞻产业研究院准备召开一次年会，秘书小王需要为领导制作一个关于中国电子商务行业发展现状及趋势分析的 PPT，演示文稿中涉及的大部分内容已组织在考生文件夹中的 SC.docx 文档中。请根据下面要求帮助小王来完成 PPT 的制作和修饰。

（1）打开素材文件夹下的素材文档 WPP.pptx（.pptx 为文件扩展名），后续操作均基于此文件。

（2）演示文稿共 10 张幻灯片，需要为每张幻灯片的页脚插入"前瞻产业研究院"7 个字，且为整个演示文稿应用考生文件夹下的 plan.potx 模板。

（3）第一张幻灯片版式为"标题幻灯片"，主标题为"中国电子商务行业发展现状及趋势分析"，副标题为"前瞻产业研究院"。主标题设置为隶书、32 磅字，预设样式为"填充-黑色，文本 1，轮廓-背景 1，清晰阴影-着色 5"；副标题为黑体、20 磅字，字体颜色为"海洋绿，着色 2，深色 25%"。主标题设置动画"进入-十字形扩展"，方向为"外"，速度"快速"，副标题设置动画"进入-飞入"，方向为"自左下部"，开始为"之后"。

（4）第三张幻灯片版式为"两栏内容"，标题为"电子商务概述"。将考生文件夹下的图片文件 tupian2.jpg 插入到第三张幻灯片的右侧，图片的大小设置为"高度 6.5 厘米、宽度 10.2 厘米"。图片在幻灯片上的水平位置为"19.5 厘米"，相对于"左上角"；垂直位置为"-2 厘米"，相对于"居中"。图片轮廓为"4.5 磅"、"海洋绿，着色 2，深色 25%"；图片动画为"强调-陀螺旋"，"数量"为"逆时针""半旋转"，"开始"为"之后"，延迟 1 秒；将素材文件夹中 SC.docx 文档中的相应文本插入到左侧内容区，文本设置动画"进入-棋盘"，方向为"下"，速度为"快速"；动画顺序是先文本后图片。

（5）第四张幻灯片版式为"仅标题"，标题为"我国电子商务行业发展历程"；在幻灯片中插入智能图形，具体效果如图 9-36 所示。

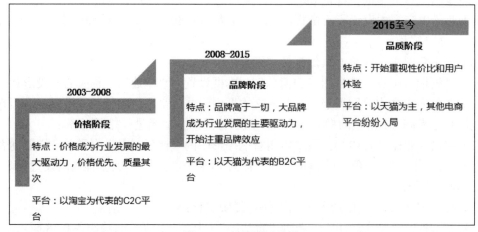

图 9-36　智能图形效果

（6）第五张幻灯片版式为"两栏内容"，标题为"2013-2019 年中国电子商务交易规模"；左侧内容区插入一个 8 行 3 列的表格，表格内容见考生文件夹下的 SC.docx 文档，且为表格设置一个适合的样式；根据左侧内容区中表格里的内容，在右侧内容区插入一个图表，图表以"年份"作为"横坐标"，"交易规模（万亿元）"作为"主纵坐标"，"增长率（%）"作为"次纵坐标"；横坐标的字体大小设置为 9 磅，次纵坐标的数字设置为"百分比"，小数位数为"0"；"交易规模（万亿元）"系列采用"簇状柱形图"，"增长率（%）"系列采用"折线图"；"增长率（%）"显示"数据标签"，标签位置"靠上"，数字类别为"百分比"，小数位数"1"；"交易规模（万亿元）"系列显示"数据标签"，标签位置"居中"，数字类别为"数字"，小数位数"2"；设置一个合适的图表样式，图表无标题，在顶部显示图例；图表动画设置为"进入-盒状"，方向为"外"，速度为"慢速"，"开始"为"之后"，延迟 2 秒。

（7）第六张幻灯片标题为"我国电商的主要销售地区为东部地区"，将考生文件夹中 SC.docx 文档中的相应文本插入到内容区；根据内容文本中 4 个地区的交易额占比，绘制一个饼图，设置一个合适的图表样式，图表无标题，在顶部显示图例，并显示"数据标签"，标签位置"数据标签内"，数字类别为"百分比"，小数位数"0"；图表动画设置为"进入-劈裂"，方向为"中央向左右展开"，速度为"中速"，"开始"为"之后"，延迟 0.5 秒；标题的动画为"强调-更改字体颜色"，速度为"快速"，样式"自动翻转"；内容文本的动画为"进入-擦除"，方向为"自顶部"；动画顺序是先标题后内容文本，最后是图表。

（8）第七张幻灯片标题为"我国商品类电商交易占比超 7 成"，将考生文件夹中 SC.docx 文档中的相应文本插入到内容区；根据内容文本中商品类、服务类和合约类这三个品类的交易额绘制一个面积图，设置一个合适的图表样式，图表标题为"电子商务市场细分行业结构"，不显示图例，并显示"数据标签"，标签包括"类别名称"，数字类别为"常规"；标题的动画为"强调-更改填充颜色"，速度为"快速"，样式"自动翻转"；内容文本的动画为"进入-阶梯状"，方向为"右上"，速度为"中速"，"开始"为"之后"，延迟 0.5 秒；图表动画设置为"进入-擦除"，方向为"自左侧"。

（9）第八张幻灯片版式为"图片与标题"，标题为"预计 2024 年我国电商市场规模超 55 万亿元"；将考生文件夹下的图片文件 tupian1.jpg 插入到幻灯片的左侧，图片的大小设置为"宽度 13.5 厘米"，锁定纵横比，图片在幻灯片上的水平位置为"2 厘米"，相对于"左上角"，垂直位置为"6 厘米"，相对于"左上角"，图片效果设置为"发光-发光变体巧克力黄，18pt 发光，着色 4"；图片动画为"进入-擦除"，方向为"自左侧"，速度为"中速"，"开始"为"之后"，延迟 1 秒；将考生文件夹中 SC.docx 文档中的相应文本插入到右侧内容区，内容文本的动画为"进入-切入"，方向为"自右侧"，文本动画设置为"所有段落同时"；动画顺序是先文本后图片。

（10）第九张幻灯片标题为"中国电子商务行业市场规模预测"，在内容区插入一个簇状柱形图，图表数据和标题参考图 9-37 所示。

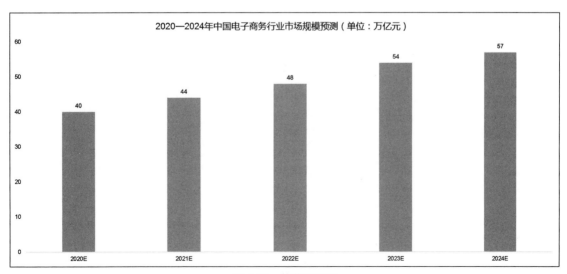

图 9-37　簇状柱形图

（11）第十张幻灯片版式为"末尾幻灯片"，标题为"谢谢观看"；标题文本框轮廓为"3磅""巧克力黄，着色1，浅色 40%"，图案填充"小纸屑"，效果设置为"阴影-透视-靠下""发光-发光变体-巧克力黄，8pt 发光，着色 3"；标题动画设置为"退出-缓慢移出"，方向为"到顶部"，速度为"慢速"，"开始"为"之后"，延迟 1.5 秒，"重复 3"。

（12）第二张幻灯片版式为"标题和内容"，标题为"目录"；内容区的内容为第三张到第九张幻灯片的标题，并且设置每一个内容超链接到相应的幻灯片；根据显示的结构，将演示文稿设为 5 个小节，并为每一节的幻灯片设置与其他节不相同的幻灯片切换方式，如表 9-1 所示。

表 9-1　小节结构

序号	节名称	节包括的幻灯片
1	开始	1、2
2	概述	3
3	发展现状	4、5、6、7
4	发展趋势	8、9
5	结尾	10

第 10 章　幻灯片外观设计

演示文稿内容编辑实现了幻灯片内容的输入以及幻灯片各种对象的插入，而利用幻灯片的设计方案设置、背景的设置以及幻灯片母版的设计等功能对整个幻灯片进行统一的调整，能够在较短的时间内制作出风格统一、画面精美的幻灯片。

学习目标：

- 掌握幻灯片的设计方案设置。
- 掌握幻灯片的背景设置。
- 掌握幻灯片的母版设计。

10.1　幻灯片的设计方案与配色方案设置

为幻灯片应用不同的设计方案，可以增强演示文稿的表现力。WPS 演示提供大量的内置方案可供选择，必要时还可以自己设计背景颜色、字体搭配以及其他展示效果。

10.1.1　应用设计方案

打开"设计"选项卡，选择所需要的设计方案如图 10-1 所示。如果功能区中没有所需要的方案，则单击"更多设计"按钮，弹出多种设计方案，在其中选择所需要的方案，如图 10-2 所示。

图 10-1　"设计方案"功能区

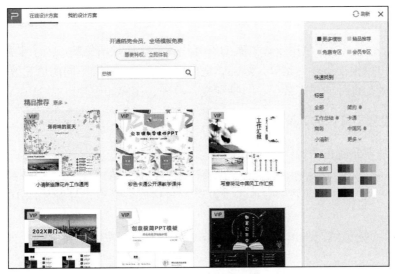

图 10-2　设计方案对话框

10.1.2 应用配色方案

打开"设计"选项卡，单击"配色方案"下拉按钮，如图 10-3 所示，单击下拉列表中的的方案，幻灯片上的对象会随之变化。

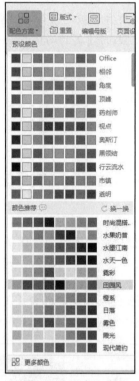

图 10-3 配色方案

10.2 幻灯片的背景设置

在 WPS 演示中，没有应用设计方案的幻灯片背景默认是白色的，为了丰富演示文稿的视觉效果，用户可以根据需要为幻灯片添加合适的背景颜色，设置不同的填充效果。WPS 演示文稿提供了多种幻灯片的填充效果，包括渐变、纹理、图案和图片。

10.2.1 设置幻灯片的背景颜色

设置幻灯片背景颜色的操作步骤如下：

（1）打开"设计"选项卡，单击"背景"下拉列表中的"背景"命令；或者在幻灯片空白处右击，在弹出的快捷菜单中单击"设置背景格式"命令，打开如图 10-4 所示的任务窗格。

（2）选择"纯色填充"单选按钮，单击"颜色"下拉按钮，弹出下拉列表，选择所需要的颜色。

（3）单击"全部应用"按钮，则应用到所有幻灯片，否则只应用于所选幻灯片。

10.2.2 设置幻灯片背景的填充效果

设置幻灯片背景填充效果的操作步骤如下：

（1）渐变填充。打开如图 10-4 所示的"对象属性"任务窗格，选中"渐变填充"单选按钮，可在该窗格进行渐变样式、角度、色标颜色、位置、透明度、亮度等的设置。

（2）图片或纹理填充。打开如图 10-4 所示的"对象属性"任务窗格，选中"图片或纹理填充"单选按钮，在该窗格中可以选择纹理来填充幻灯片。单击"图片填充"右方下拉列表中的"本地文件"命令，则可以插入文件作为填充图案。如图 10-5 所示。

幻灯片背景的填充效果

图 10-4 "对象属性"任务窗格

图 10-5 图片或纹理填充

如果要将设置的背景应用于演示文稿中所有的幻灯片，则单击"全部应用"按钮。

10.3 幻灯片母版设计

演示文稿的每一张幻灯片都有两个部分，一个是幻灯片本身，另一个就是幻灯片母版，这两者就像两张透明的胶片叠放在一起，上面的一张就是幻灯片本身，下面的一张就是母版。在幻灯片放映时，母版是固定的，更换的是上面的一张。WPS 演示提供了 3 种母版，分别是幻灯片母版、讲义母版和备注母版。

10.3.1 幻灯片母版

幻灯片母版是所有母版的基础，通常用来统一整个演示文稿的幻灯片格

编辑母版

式。它控制除标题幻灯片之外演示文稿的所有默认外观，包括讲义和备注中的幻灯片外观。幻灯片母版控制文字格式、位置、项目符号、配色方案以及图形项目。

打开"视图"选项卡，单击"幻灯片母版"按钮，打开"幻灯片母版"视图，同时屏幕上显示出"幻灯片母版"选项卡，如图 10-6 所示。

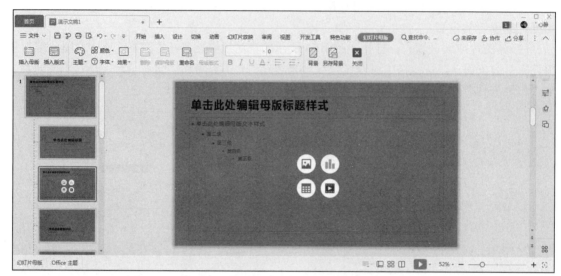

图 10-6　幻灯片母版

在其中对幻灯片的母版进行修改和设置。默认的幻灯片母版有 5 个占位符，即标题区、对象区、日期区、页脚区和数字区。在标题区、对象区中添加的文本不在幻灯片中显示，在日期区、页脚区和数字区添加文本会给基于此母版的所有幻灯片添加这些文本。全部修改完成后，单击"幻灯片母版"选项卡中的"关闭"按钮退出，幻灯片母版制作完成。

10.3.2　插入音频和视频

WPS 演示提供在幻灯片放映时播放音乐、声音和影片。用户可以将声音和影片置于幻灯片中，这些影片和声音既可以是来自文件的，也可以来自 WPS 演示自带的剪辑管理器。在幻灯片中插入影片和声音的具体操作如下：

1. 插入音频

准备好.mid、.wav 等具有 WPS 演示能够支持格式的声音文件，在普通视图中，选中要插入声音文件的幻灯片。打开"插入"选项卡，单击"音频"下拉按钮，如图 10-7 所示。单击下拉列表中所需的"嵌入音频"命令，弹出"插入音频"对话框，如图 10-8 所示，在对话框中找到所需声音文件，单击"打开"按钮即可。

此时，幻灯片中显示出一个小喇叭符号，如图 10-9 所示，表示在此处已经插入一个音频。

点中小喇叭图标，功能区出现"音频工具"选项卡，即可以对播放的时间、循环、淡入淡出效果等进行设置，如图 10-10 所示。

在"音频工具"选项卡中单击"裁剪音频"按钮，在弹出的"裁剪音频"对话框中对音频进行裁剪。

图 10-7　"音频"下拉列表

图 10-8　"插入音频"对话框

图 10-9　幻灯片中的音频图标

图 10-10　"音频工具"选项卡

2. 插入视频

在幻灯片中插入影片的方法与插入声音文件类似。打开"插入"选项卡，单击"视频"下拉按钮，如图 10-11 所示。单击"嵌入本地视频"命令，弹出"插入视频"对话框，在对话框中找到所需视频文件，单击"打开"按钮即可。

图 10-11　"视频"下拉列表

此时，系统会将影片文件以静态图片的形式插入到幻灯片中，只有进行幻灯片放映，才能看到影片真实的动态效果。

单击"网络视频"命令，则会弹出"插入网络视频"对话框，找到网络视频的网址，复制到"预览"前的文本框中，如图 10-12 所示，单击"插入"按钮即可插入。

图 10-12　"插入网络视频"对话框

10.3.3　讲义母版与备注母版

1．讲义母版

讲义母版用于控制幻灯片按讲义形式打印的格式，可设置一页中的幻灯片数量、页眉格式等。讲义只显示幻灯片而不包括相应的备注。

显示讲义母版有两种方法：打开"视图"选项卡，单击"讲义母版"按钮，打开"讲义母版"视图同时显示出"讲义母版"选项卡。可以设置每页讲义容纳的幻灯片数目，如图 10-13 所示，设置为 6 页。

图 10-13　讲义母版

2. 备注母版

每一张幻灯片都可以有相应的备注。用户可以为自己创建备注或为观众创建备注，还可以为每一张幻灯片打印备注。备注母版用于控制幻灯片按备注页形式打印的格式。打开"视图"选项卡，单击"备注母版"按钮，打开"备注母版"视图，同时屏幕上显示出"备注母版"选项卡，如图 10-14 所示。

图 10-14　备注母版

10.4　应用案例：幻灯片设计

10.4.1　案例描述

（1）打开演示文稿"静夜思.pptx"，将演示文稿的设计方案设置为"绿色中国风古韵文化"。
（2）将第四张幻灯片的背景设置为"渐变填充"的"红色-栗色渐变"。
（3）将第四张幻灯片的背景纹理设置为"放射图案"。
（4）插入第五张幻灯片，将第五张幻灯片的背景图案设置为"球体"。
（5）将整个演示文稿的幻灯片高度设置为 22 厘米。
（6）保存此文件。

10.4.2　案例操作说明

1. 主题设置

（1）打开演示文稿"静夜思.pptx"。
（2）打开"设计"选项卡，单击"更多设计"按钮，在免费专区中单击"更多"按钮，找到"绿色中国风古韵文化"设计方案，如图 10-15 所示，移动鼠标到该方案上，单击"应用风格"按钮。

图 10-15　设置设计方案

2. "渐变填充"背景设置。

（1）选中第四张幻灯片。在幻灯片空白处右击，在弹出的快捷菜单中选择"设置背景格式"命令，在弹出的"对象属性"窗格中单击"填充"下的"渐变填充"单选按钮，单击如图 10-16 所示的下拉列表中"渐变填充"中的"红色-栗色渐变"。

（2）设置效果如图 10-17 所示。

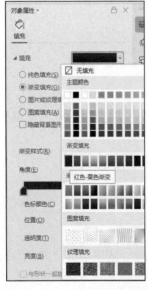

图 10-16　"对象属性"窗格

图 10-17　设置好渐变填充以后的幻灯片背景

3. "图片或纹理填充"背景设置

（1）选中第四张幻灯片。

（2）在幻灯片空白处右击，在弹出的快捷菜单中选择"设置背景格式"命令，在弹出的任务窗格中选择"图片或纹理填充"单选按钮。

（3）单击"纹理填充"下拉列表中的"放射图案"式样，注意下方文本提示。如图 10-18 所示。

4. "图案填充"背景设置。

（1）单击第四张幻灯片下方，按回车键，新建第五张幻灯片。

（2）选中第五张幻灯片，在幻灯片空白处右击，在弹出的快捷菜单中选择"设置背景格式"命令，在弹出的任务窗格中选择"图案填充"单选按钮，如图 10-19 所示。

（3）在图案列表中选择"球体"。

图 10-18　纹理填充

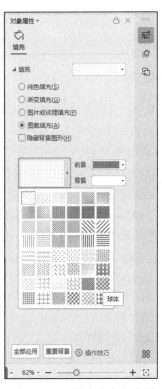

图 10-19　"图案填充"选项

5. 幻灯片大小设置

（1）打开"设计"选项卡，单击"幻灯片大小"下拉列表中的"自定义大小"命令，打开"页面设置"对话框，如图 10-20 所示。

（2）在"幻灯片大小"设置区的"高度"栏内，单击输入框右侧的微调按钮，将高度调整为 22 厘米。

（3）单击"确定"按钮，退出设置。

6. 保存文件

单击快速访问工具栏中的"保存"按钮，单击 × 按钮，退出应用程序。

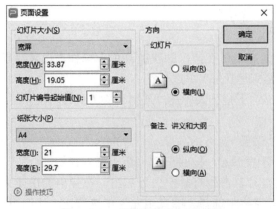

图 10-20　"页面设置"对话框

习题 10

一、选择题

1. 在 WPS 演示普通视图中编辑幻灯片时，需将文本框中的文本级别由第二级调整为第三级，最优的操作方法是（　　）。

A．在文本最右边添加空格形成缩进效果

B．当光标位于文本最右边时按 Tab 键

C．在段落格式中设置文本之间缩进距离

D．当光标位于文本中时，单击"开始"选项卡中的"增加缩进量"按钮

2. 小明利用 WPS 演示制作一份考试培训的演示文稿，他希望在每张幻灯片中添加包含"样例"文字的水印效果，最优的操作方法是（　　）。

A．通过"插入"选项卡上的"插入水印"功能输入文字并设定版式

B．在幻灯片母版中插入包含"样例"二字的文本框，并调整其格式及排列方式

C．将"样例"二字制作成图片，再将该图片作为背景插入并应用到全部幻灯片中

D．在一张幻灯片中插入包含"样例"二字的文本框，然后复制到其他幻灯片

3. 小刘通过 WPS 演示制作公司宣传片时，在幻灯片母版中添加了公司徽标图片。现在他希望放映时暂不显示该徽标图片，最优的操作方法是（　　）。

A．在幻灯片母版中，插入一个以白色填充的图形框遮盖该图片

B．在幻灯片母版中通过"格式"选项卡中的"删除背景"功能删除该徽标图片，放映过后再加上

C．选中全部幻灯片，设置隐藏背景图形功能后再放映

D．在幻灯片母版中，调整该图片的颜色、亮度、对比度等参数，直到其变为白色

4. 小周正在为 WPS 演示文稿增加幻灯片编号，他希望将该编号放于所有幻灯片右上角的同一位置，且格式一致，最优的操作方法是（　　）。

A．在幻灯片浏览视图中，选中所有幻灯片后通过"插入"→"页眉页脚"功能插入幻灯片编号并统一选中后调整其位置与格式

B. 在普通视图中，选中所有幻灯片后通过"插入"→"幻灯片编号"功能插入编号并统一选中后调整其位置与格式

C. 在普通视图中，先在一张幻灯片中通过"插入"→"幻灯片编号"功能插入编号并调整其位置与格式后将该编号占位符复制到其他发灯片中

D. 在幻灯片母版视图中，通过"插入"→"幻灯片编号"功能插入编号并调整其占位符的位置与格式

5. 小沈已经在 WPS 演示文稿的标题幻灯片中输入了标题文字，他希望将标题文字转换为艺术字，最快捷的操作方法是（　　　）。

A. 定位在该幻灯片的空白处，单击"插入"选项卡中的"艺术字"按钮并选择一个艺术字样式，然后将原标题文字移动到艺术字文本框中

B. 选中标题文本框，在"文本工具"选项卡中选择一个艺术字样式即可

C. 在标题文本框中右击，在快捷菜单中单击"转换为艺术字"命令

D. 选中标题文字，单击"插入"选项卡中的"艺术字"按钮并选择一个艺术字样式，然后删除原标题文本框

6. 小何在 WPS 演示文稿中绘制了一组流程图，他希望将这些图形在垂直方向上等距排列，最优的操作方法是（　　　）。

A. 用鼠标拖动这些图形，使其间距相同

B. 显示网格线，依据网格线移动图形的位置使其间距相同

C. 全部选中这些图形，设置"纵向分布"对齐方式使其间距相同

D. 在"设置对象格式"窗格中，在"大小与属性"选项卡中设置每个图形的"位置"参数，逐个调整其间距

二、操作题

1. 课件制作。

打开素材文件夹下的素材文档 WPP.pptx（.pptx 为文件扩展名），后续操作均基于此文件。

李老师为上课准备了演示文稿，内容涉及 10 个成语，第 3～12 页幻灯片（共 10 页）中的每一页都有一个成语，且每个成语都包括：成语本身、读音、出处和释义 4 个部分。现在发现制作的演示文稿还有一些问题，需要进行修改。

（1）为了体现内容的层次感，请将第 3～12 页幻灯片中的"读音、出处和释义"三部分文本内容都降一级。

（2）按以下要求编辑母版，完成对"标题和内容"版式的样式修改：

1）将"母版标题样式"设置为标准色"蓝色"，居中对齐，其余参数取默认值。

2）将"母版文本样式"设置为"隶书，32 号字"，其余参数取默认值。

3）将"第二级"文本样式设置为"楷体，28 号字"，其余参数取默认值。

（3）在标题为"成语内容提纲"的幻灯片（即第 2 页幻灯片）中，为文本"与植物有关的成语"设置如下动画效果：

1）"进入"时为"飞入"效果，且飞入方向为"自右下部"。

2）飞入速度为"中速"。

3）飞入时的"动画文本"选择"按字母"发送，且将"字母之间延迟"的百分比更改为"50%"。

4）飞入时伴"打字机"声音效果。

（4）为了达到更好的演示效果，需要在讲完所有"与植物有关的成语"后，跳转回标题为"成语内容提纲"的幻灯片，并由此页超链接到"与动物有关的成语"的开始页。

具体要求如下：

1）在标题为"与植物有关的成语（5）"幻灯片的任意位置插入一个"后退或前一项"的动作按钮，将其动作设置为"超链接到"标题为"成语内容提纲"的幻灯片。

2）在标题为"成语内容提纲"的幻灯片中，为文本"与动物有关的成语"设置超链接，超链接将跳转到标题为"与动物有关的成语（1）"的幻灯片，且将"超链接颜色"设为标准色"红色"，"已访问超链接颜色"设为标准色"蓝色"，且设为"链接无下划线"。

（5）将所有幻灯片的背景设置为"纹理填充"，且填充纹理为"纸纹 2"。

（6）设置切换方式，使全部幻灯片在放映时均采用"百叶窗"方式切换。

（7）在标题为"学习总结"的幻灯片中少总结了 2 个成语，按以下要求将它们加入：

1）将"藕断丝连"加入到"与植物有关"组中，放在最下面，与"柳暗花明"等 4 个成语并列，且将其字体设置为"仿宋，32 号"。

2）将"闻对起舞"加入到"与动物有关"组中，放在最下面，与"老马识途"等 4 个成语并列，且将其字体设置为"仿宋，32 号"。

2．夏令营活动宣传。

文小雨加入了学校的旅行社团组织，正在参与组织暑期到台湾日月潭的夏令营活动，现在需要制作一份关于日月潭的演示文稿。根据以下要求，并参考"参考图片.docx"文件中的样例效果完成演示文稿的制作。

（1）新建一个空白演示文稿，命名为"WPS 演示.pptx"（.pptx 为扩展名），并保存在素材文件夹中，此后的操作均基于此文件。

（2）演示文稿包含 8 张幻灯片，第一张版式为"标题幻灯片"，第二、第三、第五和第六张为"标题和内容"版式，第四张为"两栏内容"版式，第七张为"仅标题"版式，第八张为"空白"版式；每张幻灯片中的文字内容可以从考生文件夹下的"WPS 演示素材.docx"文件中找到，并参考样例效果将其置于适当的位置；为演示文稿应用考生文件夹中的自定义主题"流畅.thmx"；将所有文字的字体设置为"幼圆"。

（3）在第一张幻灯片中，参考样例将考生文件夹下的"图片 1.jpg"插入到适合的位置，并应用恰当的图片效果。

（4）根据第二张幻灯片中标题下的文字内容生成智能图形，布局为"垂直框列表"，字体为"幼圆"。

（5）将第三张幻灯片中标题下的文字转换为表格，表格的内容参考样例文件，取消表格的首行填充和隔行填充，并应用隔列填充样式；表格单元格中的文本水平和垂直方向都居中对齐，中文设为"幼圆"字体，英文设为"Arial"字体。

（6）在第四张幻灯片的右侧，插入素材文件夹下的名为"图片 2.jpg"的图片，将图片裁剪为"对角圆角矩形"的图片样式，并应用"左上斜偏移"阴影效果。

（7）参考样例文件效果，调整第五和六张幻灯片标题下文本的段落间距，并添加或取消相应的项目符号。

（8）在第五张幻灯片中，插入素材文件夹下的"图片 3.jpg"和"图片 4.jpg"，参考样例文件，将它们置于幻灯片中适合的位置；将"图片 4.jpg"置于底层，并对"图片 3.jpg"（游艇）应用"飞入"的进入动画效果，以便在播放到此张幻灯片时，游艇能够自动从左下方进入幻灯片页面；在游艇图片上方插入"椭圆形标注"，使用短划线轮廓，并在其中输入文本"开船啰!"，然后为其应用一种适合的进入动画效果，并使其在游艇飞入页面后能自动出现。

（9）在第六张幻灯片的右上角插入素材文件夹下的"图片 5.gif"，并设置其到幻灯片上侧边缘的距离为 0 厘米。

（10）在第七张幻灯片中，插入素材文件夹下的"图片 6.jpg""图片 7.jpg"和"图片 8.jpg"，参考样例文件，为其添加适当的图片效果并进行排列，将它们靠上对齐，图片之间的水平间距相等，左右两张图片到幻灯片两侧边缘的距离相等；在幻灯片右上角插入素材文件夹下的"图片 9.gif"，并将其顺时针旋转 300 度。

（11）在第八张幻灯片中，将素材文件夹下的"图片 10.jpg"设为幻灯片背景，并将幻灯片中的文本应用一种艺术字样式，文本居中对齐，字体为"幼圆"；为文本框添加白色填充色和透明效果。

（12）为演示文稿第 2～8 张幻灯片添加"擦除"的切换效果，首张幻灯片无切换效果；为所有幻灯片设置自动换片，换片时间为 5 秒；为除首张幻灯片之外的所有幻灯片添加编号，编号从"1"开始。

第 11 章　演示文稿放映设计

在幻灯片制作中，除了合理设计每一张幻灯片的内容和布局，还需要设置幻灯片的放映效果，使幻灯片放映过程既能突出重点，吸引观众的注意力，又富有趣味性。在 WPS 演示中，演示文稿的放映效果设计包括对象的动画设置、超链接的设置和动作按钮的设置，以及幻灯片的切换设置。

学习目标：

- 掌握演示文稿的动画设置。
- 掌握演示文稿的幻灯片切换设置。
- 掌握演示文稿的超链接和动作按钮的设置。
- 理解并掌握制作演示文稿的过程。

11.1　动画设置与幻灯片切换

为了使幻灯片放映时引人注目，更具视觉效果，在 WPS 演示中可以给幻灯片中的文本、图形、图表及其他对象添加动画效果、超链接和声音。本节主要介绍在 WPS 演示中创建对象动画的基本方法。

在 WPS 演示中，进行动画设置可以使幻灯片上的文本、形状、声音、图像和其他对象动态地显示，这样就可以突出重点，控制信息的流程，并提高演示文稿的趣味性。

动画设置主要有两种情况：一是动画设置，为幻灯片内的各种元素，如标题、文本、图片等设置动画效果；二是幻灯片切换动画，可以设置幻灯片之间的过渡动画。

11.1.1　动画设置

动画效果

用户可以利用动画设置，为幻灯片内的文本、图片、艺术字、智能图形、形状等对象设置动画效果，灵活控制对象的播放。

　1. 添加单个动画

为对象添加动画的操作步骤如下：

（1）先选取需要设置动画的对象。

（2）打开"动画"选项卡，单击动画样式右边的下拉按钮。

（3）在下拉列表中选择所需要的动画效果，如果没有需要的动画，单击"更多选项"按钮 ⌄ 。

（4）选中动画以后，再单击"预览效果"，可测试动画效果，如图 11-1 所示。

　2. 为一个对象添加多个动画

（1）先选取需要设置动画的对象。

（2）打开"动画"选项卡，单击"自定义动画"按钮。

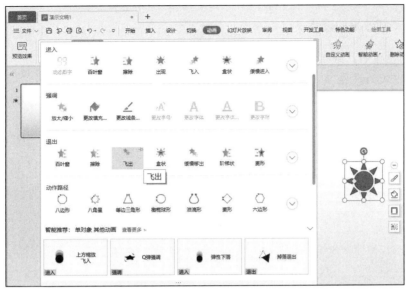

图 11-1 添加动画

（3）单击"添加效果"下拉按钮。

（4）单击所需要的动画效果。

（5）重复（1）～（4）步。单击"播放"按钮，可测试动画效果。如图 11-2 所示。

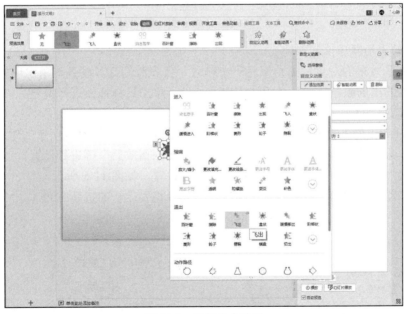

图 11-2 添加多个动画

注意：动画设置中"进入""强调""退出"表示什么意思呢？进入某一张幻灯片后单击鼠标（或者其他操作），对象以某种动画形式出现了，这叫作"进入"；再单击鼠标，对象再一次以某种动画形式变换一次，这叫做"强调"；再单击鼠标，对象以某种动画形式从幻灯片中消失，这叫作"退出"。

11.1.2 动画效果的设置

进行动画设置后，继续进行各种细节的效果设置。

1. 开始方式的设置

在"自定义动画"任务窗格中，单击"开始"下拉按钮，选择一种开始方式。如图 11-3 所示。

图 11-3　开始方式设置

2. 动画的出场顺序设置

每个添加了效果的对象左上角都有一个编号，代表着幻灯片中各对象出现的顺序。如果要改变各动画的出场顺序，在任务窗格中选中动画，单击鼠标拖拽进行调整。

3. 效果选项设置

单击图 11-3 中的下拉列表中的"效果选项"命令，打开如图 11-4 所示的对话框。

其中"效果"选项卡可对其"方向""声音""动画播放后"等进行设置。

在"计时"选项卡中可对动画的时间进行详细设置，如图 11-5 所示。

延时是指动画开始前的延时秒数。速度是指动画将要运行的持续时间。

图 11-4　"飞入"对话框

图 11-5　计时设置

11.1.3　自定义动作路径

可以通过自定义路径来设计对象的动画路径。

1.　绘制自定义路径

（1）选择需要添加动画的对象。

（2）在"自定义动画"窗格中，单击"添加效果"按钮。

（3）根据需要选择"绘制自定义路径"中的任意效果。如图 11-6 所示。

图 11-6　添加自定义路径动画

　　（4）将光标移到幻灯片，当光标变为"+"字形时，按住左键拖动出一个路径，到终点时双击，动画会按设置的路径预览一次，如图 11-7 所示

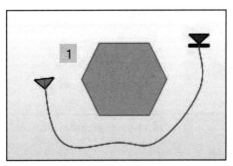

图 11-7　绘制自定义路径

　　注意：若设置动画的对象是形状时，在"绘制自定义路径"中选择"为自选图形指定路径"，则光标移动到形状对象时，单击即可设置。

2. 编辑自定义路径

（1）右击定义好的动作路径，单击快捷菜单的"编辑顶点"命令，路径中出现若干黑色顶点，拖动顶点可以移动位置。

（2）右击某一顶点，在快捷菜单中选择相应的命令可以对顶点进行各种修改操作，如图 11-8 所示。

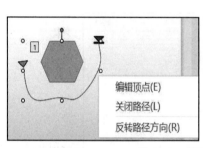
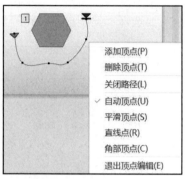

图 11-8　编辑自定义路径

11.1.4　通过触发器控制动画播放

触发器是自行制作的可以插入到幻灯片中的，带有特定功能的一类工具，用于控制幻灯片中已经设定的动画的执行。触发器可以是图片、文字、段落、文本框等，其作用相当于一个按钮。在演示文稿中设置好触发器功能后，单击触发器将会触发一个操作，该操作可以是播放多媒体音效、视频、动画等。

通过触发器控制动画播放的操作步骤如下：

（1）制作一个作为触发器的对象，可以是一幅图片、一个文本框、一组艺术字、一个动作按钮等。

（2）在"开始"选项卡下，单击"选择"下拉列表中的"选择窗格"命令，如图 11-9 所示。

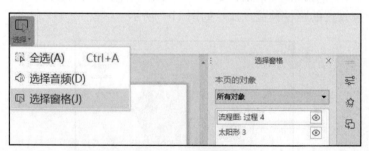

图 11-9　选择窗格

（3）为对象添加一个动画。

（4）单击任务窗格中动画右边下拉列表中的"效果选项"命令。

（5）单击"计时"选项卡。

（6）单击"触发器"按钮，选择"单击下列对象时启动效果"，如图 11-10 所示。

图 11-10　触发器

（7）单击"确定"按钮。完成设置后，在幻灯片放映过程中，单击触发器时即可播放设置好的动画效果。

11.1.5　幻灯片切换设置

切换效果是指幻灯片放映时切换幻灯片的特殊效果。在 WPS 演示中，可以为每一张幻灯片设置不同的切换效果使幻灯片放映更加生动形象，也可以为多张幻灯片设置相同的切换效果。

在幻灯片浏览视图或普通视图中，选择要添加切换效果的幻灯片，如果要选中多张幻灯片，可以按住 Ctrl 键进行选择。打开"切换"选项卡，单击所需要的切换效果。如图 11-11 所示。

图 11-11　设置幻灯片切换效果

需要更多切换效果，可以单击列表框右下角的下拉按钮，在弹出的下拉列表中选择所需要的切换效果即可将其设置为当前幻灯片的切换效果。如要进行进一步的设置，可以单击"效果选项"下拉按钮进行设置。

在"声音"下拉列表中选择合适的声音。选择"单击鼠标时换片"或"自动换片"复选框。如果选中"自动换片"复选框，则需要设置自动换片时间，如图 11-11 所示。

如果希望以上设置对所有幻灯片有效，单击"应用到全部"按钮即可。

11.2　链接与导航设置

在 WPS 演示中，用户可以为幻灯片中的文本、图形和图片等可视对象添加动作或超链接，从而在幻灯片放映时单击该对象跳转到指定的幻灯片，增加演示文稿的交互性。

11.2.1　超链接

1. 创建超链接

先选定要插入超链接的位置，打开"插入"选项卡，单击"超链接"按钮，如图 11-12 所示，也可以在对象上右击，在弹出的快捷菜单中选择"超链接"命令，打开"插入超链接"对话框，如图 11-13 所示。

图 11-12 "超链接"按钮

图 11-13 "插入超链接"对话框

在左侧的"链接到"列表框中选择链接的目标。

（1）原有文件或网页：超链接到本文档以外的文件或者某个网页。

（2）本文档中的位置：超链接到"请选择文档中的位置"列表中所选定的幻灯片。

（3）电子邮件地址：超链接到某个邮箱地址，如 syxysz16@163.com 等。

在"插入超链接"对话框中单击"屏幕提示"按钮，输入提示文字内容，放映演示文稿时，在链接位置旁边显示提示文字。

2. 编辑、删除超链接

当用户对设置的超链接不满意时，可以通过编辑、删除超链接来修改或更新。选中超链接对象，右击，在弹出的快捷菜单中选择"超链接"的下级菜单中的"编辑超链接"或"取消超链接"等命令，进行编辑和删除，如图 11-14 所示。

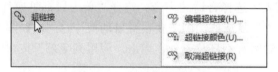

图 11-14 超链接快捷菜单

11.2.2 动作按钮

先选中要插入动作按钮的幻灯片，打开"插入"选项卡，单击"形状"下拉按钮，单击"动作按钮"中的图形，如图 11-15 所示。这时鼠标变为"+"字形，拖动鼠标画出动作按钮。同时弹出"动作设置"对话框，如图 11-16 所示。

图 11-15 插入动作按钮

图 11-16　"动作设置"对话框

在"动作设置"对话框中设置单击鼠标时的动作，然后单击"确定"按钮关闭对话框。

11.3　幻灯片放映设置

制作演示文稿的最终目的是为了放映，因此设置演示文稿的放映是重要的步骤。

11.3.1　设置放映时间

在放映幻灯片时可以为幻灯片设置放映时间间隔，这样可以达到幻灯片自动播放的目的。用户可以手工设置幻灯片的放映时间，也可以通过排练计时进行设置。

1. 手工设置放映时间

在幻灯片浏览视图下，选中要设置放映时间的幻灯片，打开"切换"选项卡，选中"自动换片"复选框，在其后的文本框中设置好自动换片时间，如图 11-17 所示。

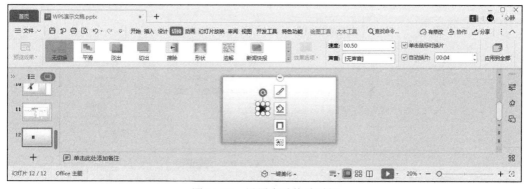

图 11-17　设置自动换片时间

输入幻灯片在屏幕上的停留时间，比如 1 秒。如果将此时间应用于所有的幻灯片，则单击"应用到全部"按钮，否则只应用于选定的幻灯片。

2. 排练计时

演示文稿的播放，大多数情况下是由用户手动操作控制播放的，如果要让其自动播放，需要进行排练计时。为设置排练计时，首先应确定每张幻灯片需要停留的时间，它可以根据演讲内容的长短来确定，然后进行以下操作来设置排练计时。

切换到演示文稿的第一张幻灯片，打开"幻灯片放映"选项卡，单击"排练计时"按钮，进入演示文稿的放映视图中，同时弹出"预演"工具栏，如图11-18所示。在该工具栏中，幻灯片放映时间框将会显示该幻灯片已经滞留的时间。如果对当前的幻灯片播放不满意，则单击"重复"按钮，重新播放和计时。单击"下一步"按钮，播放下一张幻灯片。当放映到最后一张幻灯片后，系统会弹出排练时间提示框，如图11-19所示。该提示框显示整个演示文稿的总播放时间，并询问用户是否要使用这个时间。单击"是"按钮完成排练计时设置，则在幻灯片浏览视图下，会看到每张幻灯片下显示了播放时间；单击"否"按钮取消所设置的时间。

图11-18　"预演"工具栏　　　　　　　　图11-19　排练时间提示框

11.3.2　幻灯片的放映

用户可以根据不同的需求采用不同的方式放映演示文稿，如果有必要还可以自定义放映。

1. 设置放映方式

打开"幻灯片放映"选项卡，单击"设置放映方式"按钮或下拉列表中的"设置放映方式"命令，如图11-20所示。弹出"设置放映方式"对话框，如图11-21所示。WPS演示为用户提供了如下放映类型："演讲者放映"用于演讲者自行播放演示文稿，这是系统默认的放映方式；"展台自动循环放映"适用于使用了排练计时的功能，此时鼠标不起作用，按Esc键才能结束放映。

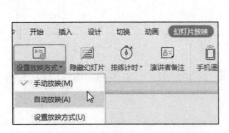

图11-20　"设置放映方式"按钮

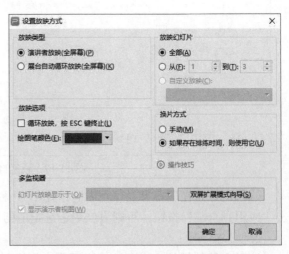

图11-21　"设置放映方式"对话框

在"放映选项"选项组中能够设置"循环放映，按 Esc 键结束"。

在"放映幻灯片"选项组可以设置幻灯片的放映范围，默认为"全部"。

2. 自定义放映

默认情况下，播放演示文稿时幻灯片按照在演示文稿中的先后顺序从第一张向最后一张进行播放。WPS 演示提供了自定义放映的功能，使用户可以从演示文稿中挑选出若干幻灯片进行放映，并自己定义幻灯片的播放顺序。

打开"幻灯片放映"选项卡，单击"自定义放映"按钮，打开"自定义放映"对话框，如图 11-22 所示。

在该对话框中单击"新建"按钮，打开"定义自定义放映"对话框，如图 11-23 所示。

图 11-22　"自定义放映"对话框

图 11-23　"定义自定义放映"对话框

在"幻灯片放映名称"输入框中输入自定义放映的名称。"在演示文稿中的幻灯片"列表框中列出了当前演示文稿中的所有幻灯片的名称，选择其中要放映的幻灯片，单击"添加"按钮，将其添加到"在自定义放映中的幻灯片"列表框中。

利用列表框右侧的向上、向下箭头按钮可以调整幻灯片播放的先后顺序。要将幻灯片从"在自定义放映中的幻灯片"列表框中删除，先选中该幻灯片的名称，然后单击"删除"按钮即可。完成所有设置后，单击"确定"按钮，返回"自定义放映"对话框，此时新建的自定义放映的名称将出现在其中的列表框中。用户可以同时定义多个自定义放映，并利用此对话框上的按钮对已有的自定义放映进行编辑、复制或修改。单击"放映"按钮即可放映。

3. 隐藏部分幻灯片

如果文稿中某些幻灯片只提供给特定的对象，我们不妨先将其隐藏起来。

切换到幻灯片浏览视图下，选中需要隐藏的幻灯片，右击，弹出快捷菜单，选择"隐藏幻灯片"选项，或者打开"幻灯片放映"选项卡，单击"隐藏幻灯片"按钮，播放时，该幻灯片将不显示。如果要取消隐藏，只需要再执行一次上述操作。

4. 放映演示文稿

当演示文稿中所需幻灯片的各项播放设置完成后，就可以放映幻灯片，观看其放映效果。

（1）启动演示文稿放映。启动演示文稿放映的方法有 4 种：

1）打开"幻灯片放映"选项卡，单击"从头开始"按钮。

2）单击 WPS 演示窗口底部状态栏的"幻灯片放映"按钮 ▶ 。

3）按 F5 快捷键。

如果将幻灯片的切换方式设置为自动，则幻灯片按照事先设置好的顺序自动切换；如果将切换方式设置为手动，则需要用户单击或使用键盘上的相应键切换到下一张幻灯片。

（2）控制演示文稿放映。在放映演示文稿时，右击幻灯片，打开"幻灯片放映"快捷菜单，如图 11-24 所示。在"指针选项"子菜单中设置演示过程中的标记，如设置笔、墨迹颜色、橡皮擦和有关箭头选项等。

（3）停止演示文稿放映。演示文稿播放完后，会自动退出放映状态，返回 WPS 演示的编辑窗口。如果希望在演示文稿放映过程中停止播放，有两种方法：

1）在幻灯片放映过程中右击，在快捷菜单中选择"结束放映"命令。

2）如果幻灯片的放映方式设置为"循环放映"，则可按 Esc 键退出放映。

5．手机遥控

在连网状态下，可以通过手机借助 WPS 移动版遥控投影仪放映幻灯片。操作步骤如下：

（1）打开演示文稿。

（2）在"幻灯片放映"选项卡下，单击"手机遥控"按钮，生成遥控二维码，如图 11-25 所示。

图 11-24　"幻灯片放映"快捷菜单　　　　图 11-25　"手机遥控"对话框

（3）打开手机中的 WPS 移动端，点"扫一扫"功能，扫描电脑上的二维码。

（4）在手机上可以通过向左滑动遥控开始播放。

（5）进入播放后，可以左右滑动屏幕来遥控幻灯片的播放。

11.4　演示文稿的输出与打印

演示文稿制作完成后，为了在没有安装 WPS 软件的环境能够播放，WPS 提供了多种方案。

11.4.1　输出视频与 H5

1．输出视频

在 WPS 演示中，可以把文稿转换为 WebM 格式的视频，以便在没有安装 WPS 的环境也可以观看。操作步骤如下：

（1）单击"文件"→"另存为"→"输出为视频"命令。

（2）打开"另存文件"对话框，设置位置和文件名，单击"保存"按钮，弹出如图 11-26 所示的"输出视频完成"对话框。

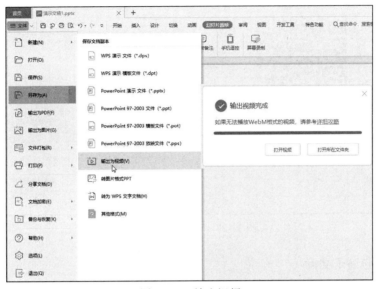

图 11-26　输出视频

单击"打开视频"按钮即可播放视频。

2. 输出 H5

H5 文件更便于共享。可以高保真地还原演示文稿中的动画，并生成微信二维码直接在移动设备中打开，分享到微信或朋友圈。操作步骤如下：

（1）单击"文件"→"另存为"→"输出为 H5"命令。

（2）打开"PPT 转 H5"对话框，如图 11-27 所示，单击"转换为 H5 项目"按钮，再单击"确定"按钮，进入转换过程。

图 11-27　"PPT 转 H5"对话框

（3）转换后的对话框如图 11-28 所示。

图 11-28　转换后的对话框

11.4.2　打包演示文稿

打包演示文稿，就是把演示文稿打包成一个文件夹，把整个文件夹转移到其他没有 WPS 软件的计算机上也能被打开。按照下列步骤可通过文件打包在另一台计算机上进行幻灯片放映。操作步骤如下：

（1）打开要复制的演示文稿；如果正在处理尚未保存的新演示文稿，先保存该演示文稿。

（2）单击"文件"→"文件打包"→"将演示文档打包成压缩文件"命令，如图 11-29 所示。

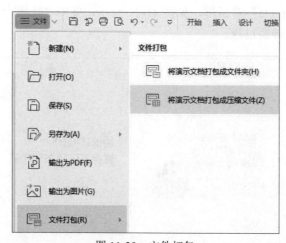

图 11-29　文件打包

（3）打开"演示文件打包"对话框。如图 11-30 所示。

（4）单击"确定"按钮。弹出"已完成打包"对话框，如图 11-31 所示。

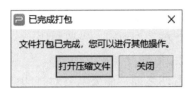

图 11-30　"演示文件打包"对话框　　　　图 11-31　"已完成打包"对话框

11.4.3　转换放映格式

演示文稿转换为放映格式，打开文件时，进入直接放映状态。操作如下：

（1）单击"文件"→"另存为"→"WPS 演示文件(*.dps)"命令。如图 11-32 所示。

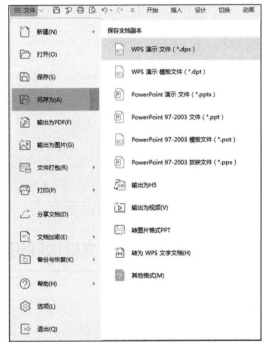

图 11-32　保存为放映格式

（2）打开"另存文件"对话框，设置位置和文件名，单击"保存"按钮。

11.4.4　打印演示文稿

在 WPS 演示中，演示文稿制作好以后，不仅可以在计算机上展示最终效果，还可以将演示文稿打印出来长期保存。WPS 演示的打印功能非常强大，它可以将幻灯片打印到纸上，也可以打印到投影胶片上通过投影仪来放映，还可以制作成 35mm 的幻灯片通过幻灯机来放映。演示文稿可以打印成幻灯片、讲义、备注页或大纲等形式。

在打印演示文稿之前，应先进行打印机的设置和幻灯片大小设置工作。

1. 幻灯片大小

在打印演示文稿之前，需要先进行幻灯片大小的设置。打开"设计"选项卡，单击"幻灯片大小"中的"自定义大小"命令。弹出"页面设置"对话框，如图 11-33 所示。

在对话框中，可设置幻灯片大小，分别针对幻灯片和备注、讲义和大纲设置打印方向，单击"确定"按钮，设置完毕。

2．打印设置

打印之前，如果需要对打印范围、打印内容进行设置，单击"文件"→"打印"→"打印"命令，弹出"打印"对话框，如图 11-34 所示。

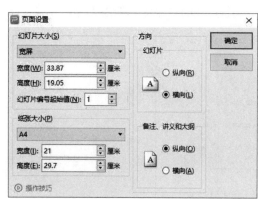

图 11-33　"页面设置"对话框　　　图 11-34　"打印"对话框

选择要使用的打印机名称，设置打印范围、打印份数等。单击"确定"按钮即可开始打印。

11.5　应用案例：演示文稿放映设计

11.5.1　案例描述

（1）打开"静夜思.pptx"演示文稿。

（2）将第二张幻灯片中的文本框的动画效果设置为"向内溶解"。

（3）将第三张幻灯片中的图片的动画效果设置为"螺旋飞入"。

（4）设置所有幻灯片的切换方式为"水平百叶窗"。

（5）将第三张幻灯片中的联机图片设置超链接，链接到 http://www.163.com。

（6）在第五张幻灯片中插入动作按钮"后退或前一项"，设置为超链接到"上一张幻灯片"。

（7）保存文件。

（8）新建一个演示文稿。

（9）用密码进行加密，设置文稿的打开密码为"123"。

（10）设置幻灯片放映方式的"放映类型"为"展台自动循环放映（全屏幕）"。

（11）放映幻灯片。

11.5.2　案例操作说明

（1）打开演示文稿"静夜思.pptx"。

（2）对文本框设置动画效果。

1）单击第二张幻灯片。

2）单击文本框使之成为选中状态。

3）打开"动画"选项卡，单击"动画"列表框右下角的下拉按钮，弹出"动画"下拉列表。在其中选择需要的动画效果，如果没有找到所需要的动画效果，则单击"更多选项"按钮，如图 11-35 所示。

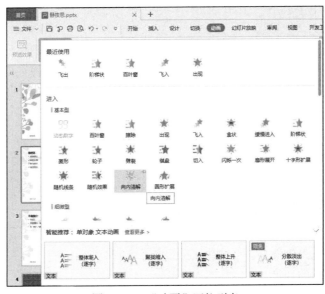

图 11-35　"动画"下拉列表

4）单击"向内溶解"选项。此时可以看到幻灯片上的文字前有一个序号，表示各行文字出现的顺序，如图 11-36 所示。

图 11-36　设置了进入动画以后的文本显示效果

（3）对图片设置动画效果。

1）单击第三张幻灯片。

2）单击图片使之成为选中状态。

3）单击"动画"选项卡下的"动画"下拉按钮，弹出"动画"下拉列表，如图 11-35 所示。在其中选择需要的动画效果，如果没有找到所需要的动画效果，则单击"更多选项"，如图 11-37 所示。

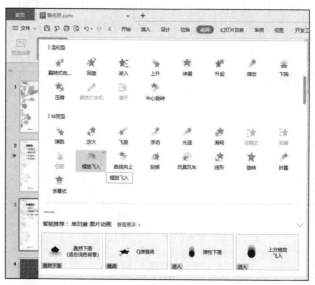

图 11-37　"螺旋飞入"选项

4）单击"螺旋飞入"选项。

（4）设置幻灯片的切换。

1）打开"切换"选项卡，单击"切换"下拉列表的"百叶窗"选项，如图 11-38 所示。

图 11-38　"切换"下拉列表

2）单击"效果选项"下拉按钮，在下拉列表中单击"水平"选项，如图 11-39 所示。

图 11-39　"效果选项"下拉列表

3）单击"应用到全部"按钮。

（5）设置超链接。

1）单击第三张幻灯片。

2）右击图片，在快捷菜单中单击"超链接"命令，弹出"插入超链接"对话框。

3）在"地址"后面的文本框内输入"http://www.163.com"，如图 11-40 所示。

图 11-40　"插入超链接"对话框

4）单击"确定"按钮，退出设置。

（6）插入动作按钮。

1）单击第五张幻灯片。

2）打开"插入"选项卡，单击"形状"下拉按钮，单击"动作按钮"中的"后退或前一项"，如图 11-41 所示。

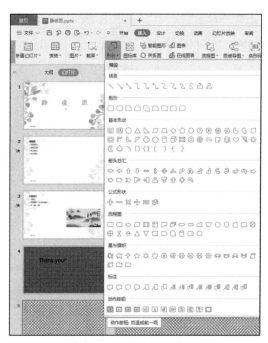

图 11-41　插入动作按钮

3）此时，鼠标变为"+"字形，拖动鼠标画出动作按钮。同时弹出"动作设置"对话框，如图 11-42 所示。

4）在"动作设置"对话框中设置单击鼠标时的动作，然后单击"确定"按钮关闭对话框。

（7）单击快速访问工具栏中的"保存"按钮，单击"关闭"按钮，退出应用程序。

（8）新建一个 WPS 演示空演示文稿。

（9）用密码进行加密。

1）单击"文件"→"文档加密"→"密码加密"命令，如图 11-43 所示。

图 11-42 "动作设置"对话框

图 11-43 演示文稿加密

2）弹出如图 11-44 所示的"密码加密"对话框。

图 11-44 "密码加密"对话框

3）在"打开文件密码"和"再次输入密码"输入框中，键入密码"123"，然后单击"应用"按钮。

（10）设置幻灯片放映方式。

1）打开"幻灯片放映"选项卡，单击"设置放映方式"下拉按钮，在下拉列表中单击"设置放映方式"，如图 11-45 所示。弹出"设置放映方式"对话框，如图 11-46 所示。

图 11-45　设置放映方式命令按钮

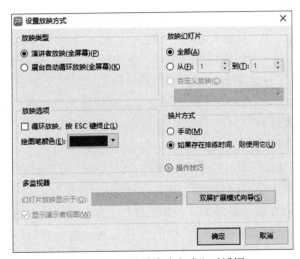

图 11-46　"设置放映方式"对话框

2）选中"展台自动循环放映（全屏幕）"单选按钮。

3）单击"确定"按钮，退出对话框。

（11）打开"幻灯片放映"选项卡，单击"从头开始"按钮放映幻灯片。

习题 11

一、选择题

1．小李在制作 WPS 演示文稿时，需要将一个被其他图形完全遮盖的图片删除，最优的操作方法是（　　）。

　　A．先将上层图形移走，然后选中该图片，将其删除

　　B．通过按 Tab 键选中该图片，将其删除

    C．打开"选择"窗格，在对象列表中选择该图片名称，将其删除

    D．直接在幻灯片中单击选择该图片，然后将其删除

2．小金在 WPS 演示文稿中绘制了一个包含多个图形的流程图，他希望该流程图中的所有图形可以作为一个整体移动，最优的操作方法是（   ）。

    A．选择流程图中的所有图形，通过"剪切""粘贴"为"图片"功能将其转换为图片后再移动

    B．每次移动流程图时，先选中全部图形，然后再用鼠标拖动即可

    C．选择流程图中的所有图形，通过"绘图工具"选项卡上的"组合"功能将其组合为一个整体之后再移动

    D．插入一幅绘图画布，将流程图中所有图形复制到绘图画布中后，再整体移动绘图画布

3．小李正在利用 WPS 制作公司宣传文稿，现在需要创建一个公司的组织结构图，最快捷的操作方法是（   ）。

    A．直接在幻灯片中绘制形状，输入相关文字，再组合成一个组织结构图

    B．通过"插入"→"对象"功能，激活组织结构图程序并创建组织结构图

    C．通过"插入"→"智能图形"中的"层次关系"布局来创建组织结构图

    D．通过"插入"→"图表"下的"组织结构图"功能来实现

4．小吕在利用 WPS 制作旅游风景简介演示文稿时插入了大量的图片，为了减小文档体积以便通过邮件方式发送给客户浏览，需要压缩文稿中图片的大小，最优的操作方法是（   ）。

    A．直接利用压缩软件来压缩演示文稿的大小

    B．先在图形图像处理软件中调整每个图片的大小，再重新替换到演示文稿中

    C．在 WPS 演示中通过调整缩放比例、剪裁图片等操作来减小每张图片的大小

    D．直接通过 WPS 演示提供的"压缩图片"功能压缩演示文稿中图片的大小

5．在 WPS 演示中，要将某张幻灯片中的 3 张图片设置为到幻灯片上边缘的距离相等，最快捷的操作方法是（   ）。

    A．分别设置每张图片的位置，使其到幻灯片左上角的垂直距离相等

    B．同时选中 3 张图片，并将它们设置为顶端对齐

    C．同时选中 3 张图片，并将它们设置为上下居中

    D．利用形状对齐智能向导，直接使用鼠标进行拖拽

6．WPS 演示文稿的首张幻灯片为标题版式幻灯片，要从第二张幻灯片开始插入编号，并使编号值从 1 开始，正确的方法是（   ）。

    A．直接插入幻灯片编号，并勾选"标题幻灯片中不显示"复选框

    B．从第二张幻灯片开始，依次插入文本框，并在其中输入正确的幻灯片编号值

    C．首先在"页面设置"对话框中，将幻灯片编号的起始值设置为 0，然后插入幻灯片编号，并勾选"标题幻灯片中不显示"复选框

    D．首先在"页面设置"对话框中，将幻灯片编号的起始值设置为 0，然后插入幻灯片编号

二、操作题

为了更好地控制教材编写的内容、质量和流程，小李负责起草了教材编写策划方案，编写了"教材编写策划方案.docx"文件。现在需要根据"教材编写策划方案.docx"文档中的内容制作演示文稿，以便向教材编委会进行展示。

请根据"教材编写方案.docx"文件中的内容，按照下列要求完成演示文稿的制作：

1．创建一个新的演示文稿，内容需要包含"教材编写策划方案.docx"文件中所有讲解的要点，包括：

（1）演示文稿中的内容编排，需要严格遵循"教材编写策划方案.docx"文档中的内容顺序，并仅需要包含文档中应用了"标题 1""标题 2""标题 3"样式的文字内容。

（2）把"教材编写策划方案.docx"文档中应用了"标题 1"样式的文字作为演示文稿中每页幻灯片的标题文字。

（3）把"教材编写策划方案.docx"文档中应用了"标题 2"样式的文字作为演示文稿中每页幻灯片的第一级文本内容。

（4）把"教材编写策划方案.docx"文档中应用了"标题 3"样式的文字作为演示文稿中每页幻灯片的第二级文本内容。

2．将演示文稿中的第一页幻灯片的版式设置为"标题幻灯片"。

3．为演示文稿应用一个美观合适的主题样式。

4．在标题为"2020 年同类图书销量统计"的幻灯片页中，插入一个 6 行 5 列的表格，列标题分别为"图书名称""出版社""作者""定价""销量"。

5．在标题为"新版图书创作流程示意"的幻灯片页中，将文本框中包含的流程文字利用智能图形展现。

6．在该演示文稿中创建一个演示方案，该演示方案包含第 1、2、4、7 页幻灯片，并将该演示方案命名为"放映方案 1"。

7．在该演示文稿中创建一个演示方案，该演示方案包含第 1、2、3、5、6 页幻灯片，并将该演示方案命名为"放映方案 2"。

8．保存制作完成的演示文稿，并将其命名为"教材编写策划方案演示.pptx"。

参考文献

[1] 教育部考试中心. 全国计算机等级考试二级教程：WPS Office 高级应用与设计（2021 年版）[M]. 北京：高等教育出版社，2021.

[2] 未来教育. 全国计算机等级考试上机考试题库二级 WPS Office 高级应用与设计[M]. 成都：电子科技大学出版社，2021.

[3] 牛莉，刘卫国. Office 高级应用实用教程[M]. 北京：中国水利水电出版社，2019.